AF355905

NOUVELLES RECHERCHES

SUR

LA FÉCONDATION ET LA DIVISION MITOSIQUE

CHEZ

L'ASCARIDE MÉGALOCÉPHALE

PAR

Édouard VAN BENEDEN et Adolphe NEYT.

LEIPZIG.

WILH. ENGELMANN.

—

1887

Extrait des *Bulletins de l'Académie royale de Belgique,*
3e série, tome XIV, no 8; 1887.

Bruxelles. — Imprimerie de F. HAYEZ, rue de Louvain, 108.

NOUVELLES RECHERCHES

SUR

LA FÉCONDATION ET LA DIVISION MITOSIQUE

CHEZ

L'ASCARIDE MÉGALOCÉPHALE.

—⟶⟶⟶—

INTRODUCTION.

Quand, après deux années de recherches consacrées en grande partie à l'étude des phénomènes de la fécondation et de la division cellulaire chez l'Ascaride mégalocéphale, je me suis décidé à livrer à la publicité les résultats de ces études, je ne me suis fait illusion ni sur le nombre ni sur l'importance des lacunes de mon travail. Les œufs qui m'ont servi à rechercher la genèse des pronucléus et la division des premiers blastomères avaient été fixés par l'alcool et colorés au carmin boracique. Je me suis rendu compte de la nécessité de contrôler les résultats obtenus au moyen de l'alcool par l'emploi d'autres réactifs. Il importait de trouver une méthode qui permît de durcir rapidement le corps ovulaire, d'arrêter le développement à volonté et d'obtenir, sur un même porte-objet, un grand nombre d'œufs montrant tous un seul et même stade évolutif. La présence, autour du corps ovulaire, de couches périvitellines épaisses, qui opposent une résistance vraiment prodigieuse à la pénétration de la plupart des liquides, tels que l'acide chromique, les bichromates, l'acide picrosulfurique, l'acide osmique, le sublimé, constitue une source de difficultés dont il n'a pas été facile de triompher. Ce n'est qu'après de nombreuses tentatives et des essais infructueux que j'ai réussi à trouver une méthode qui permet de fixer en quelques minutes, de colorer sur porte-objets et de monter en préparations permanentes, sans qu'aucune déformation se produise, les stades relatifs à la fécondation proprement dite et à la division des premiers blastomères. Il y a maintenant plus de deux ans que ce résultat a été obtenu, et je n'ai guère discontinué, depuis cette époque, à poursuivre l'étude des préparations exécutées suivant ce procédé, que je ferai connaître plus loin. J'ai démontré à Berlin, au dernier Congrès des naturalistes, en septembre 1886, dans le laboratoire particulier de Pringsheim et à l'Institut zoologique dirigé par F. E. Schulze, quelques-unes de ces préparations, et je me suis fait un devoir de faire connaître aux naturalistes présents à ces séances la méthode employée pour fixer, colorer et monter les œufs en préparations permanentes. Vers la fin de septembre de la même année, M. le Dr O. Zacharias de Hirchberg m'écrivit pour me demander de vouloir bien lui communiquer quelques-unes de mes préparations. Je n'hésitai pas à lui envoyer les mêmes préparations que j'avais démontrées à Berlin, et qui y furent examinées par un grand nombre de naturalistes, parmi lesquels je citerai Pringsheim, Strasburger, R. Hertwig, F. E. Schulze, Hensen, Selenka, Reinke et Pfeffer.

Depuis un an environ, M. Ad. Neyt, dont le nom est lié à l'histoire des applications de la photographie à la microscopie et à l'astronomie, a bien voulu s'associer à moi pour l'étude des diverses questions qui se rattachent à la fécondation et à la division cellulaire chez l'Ascaride mégalocéphale. Il s'est consacré en outre à reproduire

par la photographie tous les détails relatifs à la pénétration du zoosperme, à la formation des globules polaires,
à la genèse des pronucléus et à la karyokinèse. Il a si
complètement réussi à photographier, non seulement les
éléments chromatiques des pronucléus et des noyaux, à
tous les stades de la division, mais même les figures achromatiques, les sphères attractives avec leurs corpuscules
polaires, les fuseaux nucléaires et les radiations protoplas-
miques des asters, que nous serons en mesure de publier
à bref délai, avec planches photographiques à l'appui, les
résultats de nos études communes. Le nombre des clichés
actuellement exécutés est de 1200 environ. Chaque cliché
représente un œuf unique grossi de 750 à 780 fois ($^1/_{16}^e$
de pouce Imm. Eau Powell et Lealand) et mesurant en
photographie un diamètre moyen de 5 à 6 centimètres.

Les recherches nouvelles que nous avons faites confirment pleinement, sauf sur quelques points de détail, qui
seront relevés ci-dessous, les résultats que j'ai fait
connaître précédemment. Nous avons réussi en outre à
combler plusieurs lacunes, à trancher différents points
restés douteux et à découvrir, notamment en ce qui concerne la karyokinèse, des faits nouveaux auxquels nous
croyons devoir attacher une grande importance et une
haute signification.

Quoique peu partisan, en général, des communications
préliminaires, j'ai proposé à M. Neyt de publier dès à présent, sous une forme sommaire, les faits nouveaux que nous
avons constatés et de faire connaître la méthode qui permet
de les contrôler. J'ai déjà exposé, dans une conférence que
j'ai faite aux membres de la Société royale de microscopie
de Bruxelles, au mois de février dernier, quelques-uns de
ces résultats, notamment la division des sphères attrac-

tives, précédée par celle des corpuscules polaires. Nous joindrons à cette note quatre planches photographiques destinées à montrer qu'il est possible de rendre par la photographie bien des détails relatifs aux plus délicates particularités de structure des éléments anatomiques.

ÉDOUARD VAN BENEDEN.

Méthode de préparation.

Les œufs du vagin et des portions avoisinantes des utérus sont pourvus de deux éléments nucléaires, qui apparaissent, dans les œufs vivants, sous la forme de deux taches claires dans le fond granuleux du vitellus.

Si, après avoir fixé un Ascaris vivant dans un baquet au moyen de deux épingles placées l'une près de l'extrémité antérieure, l'autre près de l'extrémité postérieure du corps, on incise la paroi musculo-cutanée, ce qui peut se faire en un instant et d'un seul coup de ciseaux, les deux utérus étant mis à nu, on peut en quelques minutes avoir déposé sur une série de porte-objets de petits amas d'œufs retirés de l'appareil sexuel en des points de plus en plus éloignés du vagin, et distants les uns des autres d'un quart de centimètre environ. Ces œufs sont traités sur porte-objet, soit par de l'acide acétique glacial, soit par un mélange à parties égales d'acide acétique cristallisable et d'alcool absolu. En suivant au microscope l'action du réactif, on constate qu'au bout de cinq minutes quelques œufs se font remarquer par leur transparence : de granuleux et à peine translucide qu'il était, le vitellus est devenu transparent. Ce changement d'aspect du vitellus se fait brusquement et pour ainsi dire instantanément. Au fur et à mesure que le réactif agit plus longtemps, un plus grand nombre d'œufs subissent cette transformation; au bout de vingt minutes on ne trouve plus guère d'œufs restés granuleux; tous ont été frappés de mort: l'acide a passé à travers les enveloppes périvitellines, est arrivé au contact du protoplasme et a déterminé les modifications que nous venons de signaler. Au moment choisi, soit quand quelques œufs seulement ont été tués, soit après que tous ont été fixés, on remplace l'acide par de la glycérine au tiers additionnée d'une solution aqueuse de vert de malachite, de vésuvine, ou, ce qui vaut mieux, des deux matières colorantes à la fois. Il est à peu près indifférent que la glycérine soit plus ou moins chargée de matière colorante. Moins d'une heure après, les éléments nucléaires apparaissent distinctement, plus ou moins énergiquement colorés, dans le fond clair et uniforme du vitellus. La coloration s'accentue avec le temps; on peut sans inconvénient laisser les œufs pendant plusieurs jours, voire même pendant des semaines ou des mois dans la glycérine colorée. S'il s'est produit un excès de coloration, on décolorera soit par l'eau pure, soit par l'eau acidulée d'acide acétique, soit par la glycérine au tiers ou même plus fortement étendue d'eau et très légèrement acidulée d'acide acétique.

Un point intéressant à noter c'est que, si l'on substitue la glycérine à l'acide acétique pur ou au mélange à parties égales d'acide et d'alcool, au bout de cinq à dix minutes, alors qu'un nombre plus ou moins considérable d'œufs n'ont pas encore été tués, ces œufs, quoique placés dans la glycérine colorée, voire même dans des préparations formées à la paraffine, se développent, se segmentent régulièrement, donnent parfois même naissance, après des semaines ou des mois, à des embryons normaux, absolument comme si rien ne s'était produit.

Au moment où l'on verse sur les œufs l'acide pur ou mélangé à l'alcool, l'amas se gonfle considérablement. Ce phénomène dépend exclusivement du gonflement de la couche de substance qui, dans l'utérus, se dépose à l'extérieur de chacun des œufs et qui, sur le frai, se montre composée de bâtonnets juxtaposés les uns aux autres. L'œuf lui-même conserve exactement son volume primitif. La substance gonflée par l'acide est visqueuse, molle, parfaitement transparente et homogène en apparence. Elle fait adhérer les œufs au porte-objet et permet d'exercer sans aucun inconvénient une pression suffisante sur le cover pour étendre l'amas d'œufs, traités par le réactif, en une seule assise d'ovules.

Quand l'acide a traversé la première couche périvitelline et qu'il commence à imprégner la seconde couche, celle-ci perd l'apparence fibrillaire, si marquée sur le vivant, de sa couche corticale.

La substitution de la glycérine à l'acide n'amène pas la moindre déformation de l'œuf, ni rétraction des membranes, ni altération de la forme du corps vitellin.

Que l'on ait employé l'acide pur ou le mélange d'acide et d'alcool, on distinguera avec la plus grande netteté, moins d'une heure après que l'on aura commencé l'opération, deux éléments nucléaires sphériques dans l'immense majorité des œufs. Si l'on a affaire à des œufs retirés du vagin ou du quart inférieur de l'utérus d'un ascaris vivant, chacun des éléments nucléaires montre une structure réticulée très délicate, et les éléments chromatiques des pronucléus, aussi bien que ceux des globules polaires, apparaissent vivement colorés en vert ou en brun, suivant les matières colorantes employées. Comme nous l'avons dit plus haut, la présence de deux éléments nucléaires, dans l'immense majorité des œufs retirés soit du vagin, soit du quart inférieur de l'utérus, peut être d'ailleurs constatée sur le vivant : ces noyaux apparaissent alors comme des taches claires dans le fond granuleux du vitellus (1). Mais il est impossible, par l'examen des œufs vivants, de se rendre compte de la structure de ces éléments, et ce n'est guère que quand on a reconnu, par l'emploi des réactifs, la présence dans le vitellus de deux beaux noyaux sphériques, bien délimités et plus ou moins chargés de chromatine, que l'on acquiert la certitude que les deux taches claires, qui se voient sur le vivant, sont bien déterminées par la présence de deux éléments nucléaires.

Pour étudier la genèse du pronucléus femelle aux dépens de la seconde figure pseudo-karyokinétique, du pronucléus mâle aux dépens du spermatozoïde, il faut examiner des séries de préparations d'œufs rétirés de l'utérus, en des points suffisamment éloignés du vagin. La méthode à l'acide acétique et la coloration au moyen de la glycérine additionnée de vert de malachite et de vésuvine, permet de constater avec la plus parfaite évidence deux faits importants : 1° le moment où le pronucléus mâle se constitue aux dépens du petit noyau chromatique du zoosperme coïncide exactement avec celui où le pronucléus femelle se forme aux dépens de deux éléments chromatiques, en forme de bâtonnets, qui proviennent de la seconde figure pseudo-karyokinétique (2); 2° au moment où il prend

---

(1) Édouard Van Beneden, *Recherches sur la maturation de l'œuf, la fécondation et la division cellulaire*, planche XIX, fig. 10.

(2) *Ibidem*, planche XIX, fig. 4, 5, 6, 7 et 8. Planche XVIIIbis, fig. 3, 4, 5 et 6.

naissance le pronucléus mâle est enveloppé par le résidu dégénéré du corps protoplasmique du zoosperme ; celui-ci ne se confond pas avec le protoplasme ovulaire : il constitue autour du noyau du spermatozoïde une couche parfaitement délimitée, qui ne se sépare du pronucléus mâle qu'après que celui-ci s'est constitué en une vésicule. Jusqu'à ce moment le résidu du protoplasme spermatique enveloppe partiellement le pronucléus et affecte la forme d'une calotte à surface irrégulière (1). Cette calotte, après s'être éloignée du pronucléus, se ramasse sur elle-même ; elle diminue rapidement de volume, au point de n'être bientôt plus qu'un globule, puis un granule à peine perceptible ; enfin toute trace du corps dégénéré du zoosperme disparait complètement. Le résidu du protoplasme spermatique se dissout dans le vitellus, probablement par une sorte de digestion.

Ce qui rend particulièrement facile l'observation de ces faits, que l'un de nous avait observés, décrits et figurés d'après des préparations à l'alcool, colorées au carmin boracique, c'est que si l'on traite par la glycérine additionnée de vert de malachite et de vésuvine les œufs fixés par l'acide acétique, *le corps protoplasmique dégénéré du zoosperme se colore vivement en brun, tandis que les éléments chromatiques nucléaires prennent une coloration verte, le vitellus restant à peu près incolore.* Impossible de ne pas distinguer à première vue, dans ces préparations, les deux pronucléus d'une part, le résidu du corps protoplasmique du zoosperme de l'autre. Rien de plus facile à constater que ce fait capital que, *au moment*

---

(1) *Loc. cit.*, planches XVIIIbis et XIX.

où il se constitue en un noyau vésiculeux et réticulé, au voisinage du centre du vitellus, le pronucléus mâle est encore enveloppé en tout ou en partie par le résidu du corps protoplasmique du zoosperme. Il atteint des dimensions considérables et affecte une forme sphérique régulière, avant de sortir de la concavité de la calotte fortement colorée en brun que, dans des œufs plus rapprochés du vagin, on trouve recroquevillée et séparée du pronucléus. (Pl. I, fig. 1 à 3.)

Avant que le pronucléus mâle se soit dégagé de son manteau de protoplasme dégénéré, le pronucléus femelle s'est constitué en un noyau réticulé au voisinage du second globule polaire.

Dans cette genèse des pronucléus, la chromatine, jusque-là homogène, se résout en un réticulum formé de granules chromatiques reliés entre eux par des filaments; de la péri-phérie des deux bâtonnets ponctués partent de petites traî-nées de grains achromatiques, réunis en filaments; les bâtonnets siègent à ce moment dans un espace clair; ils augmentent rapidement de volume, au point d'envahir bientôt tout cet espace, dont les limites deviendront celles des pronucléus. On ne peut mieux comparer l'aspect du phénomène qu'au gonflement d'une éponge comprimée d'abord, au moment où elle s'imbibe de liquide.

La même méthode, traitement par l'acide acétique cris-tallisable pur ou mêlé à parties égales avec de l'alcool absolu, coloration par la glycérine additionnée de vert de malachite et de vésuvine et remplacement après deux ou trois jours de la glycérine colorée par de la glycérine au tiers non colorée, cette méthode donne des résultats

superbes pour l'étude de la karyokinèse dans les blastomères de l'Ascaris. Pour faire apparaître les éléments
chromatiques il est indifférent que l'on emploie l'acide
seul ou l'acide additionné d'alcool. Mais les fibrilles achromatiques des fuseaux et des asters se conservent beaucoup mieux dans le mélange d'alcool et d'acide. Quant
aux sphères attractives avec leurs corpuscules polaires,
elles apparaissent très distinctement aussi dans les préparations colorées après l'action de l'acide pur; mais elles
présentent un autre aspect dans les deux catégories de
préparations, ce qui dépend de ce que les fibrilles achromatiques ne résistent guère à l'action de l'acide seul, tandis
qu'elles se conservent bien par le mélange d'acide et d'alcool. L'acide fait gonfler les granules punctiformes des
fibrilles et paraît résoudre celles-ci en granulations. L'alcool
empêche l'acide de produire ce résultat.

Pour étudier la métamorphose des pronucléus, voir un
cordon chromatique d'abord très ténu, puis de plus en plus
épais, se constituer aux dépens du réseau nucléaire dans
chacun des pronucléus, pour observer les phases successives de la karyokinèse pendant la segmentation, voici
comment il faut procéder. Les œufs retirés du vagin et du
quart inférieur des utérus d'un Ascaris vivant sont mis en
culture dans un verre de montre ou sur des fèces de cheval. La rapidité du développement est fonction de la température. Les œufs retirés de l'utérus ou du vagin placés
dans un verre de montre, sans addition d'aucun liquide et
maintenus dans un milieu humide à une température de
25 degrés environ, sont déjà segmentés en deux, douze
heures et même moins de douze heures après avoir été
mis en culture. Ils se segmentent moins vite si, au lieu de

les mettre en contact avec l'air atmosphérique, on les maintient plongés dans un liquide, eau, sérum ou glycérine. Mais pour être un peu plus lent, le développement n'en marche pas moins régulièrement dans ces conditions. Des températures plus basses ralentissent le développement; mais elles n'amènent, pas plus que l'immersion, aucun phénomène anormal ou pathologique. On peut, comme l'a montré Hallez, arrêter à volonté le développement pendant un temps plus ou moins long, soit en abaissant suffisamment la température, soit en empêchant l'accès de l'oxygène, sans que le développement normal de l'embryon en soit affecté d'aucune manière. Quelles que soient les conditions dans lesquelles les œufs retirés du vagin et du quart inférieur de l'utérus se trouvent placés, qu'ils soient immergés dans l'eau ou maintenus dans un verre de montre sans addition de liquide, que l'on prenne la précaution de les placer dans une chambre humide ou qu'on les laisse se dessécher, qu'on es conserve à une température constante ou qu'on les soumette pendant l'hiver à toutes les variations journalières de chaud et de froid, on est certain, en examinant les œufs après un laps de temps variant de six semaines à trois mois, de trouver un embryon complètement développé et parfaitement vivant dans chaque œuf.

Les œufs de l'Ascaris du cheval, admirablement protégés par les enveloppes périvitellines, si peu perméables qu'elles s'opposent à la pénétration de la plupart des réactifs, tant que l'œuf est vivant, présentent donc une résistance merveilleuse, et l'on chercherait en vain, dans n'importe quelle classe du règne animal, des œufs mieux abrités contre l'action des causes extérieures.

L'hypothèse purement gratuite d'après laquelle les œufs, chez lesquels la conjugaison des pronucléus n'a pas lieu, seraient des œufs pathologiques, peut être écartée à priori. Les expériences de contrôle sont d'ailleurs des plus simples et des plus faciles à faire. Elles ont été répétées un grand nombre de fois. Des œufs sont mis en culture dans un verre de montre. De demi-heure en demi-heure on en fait deux ou trois préparations. Au début, on trouve deux pronucléus dans chaque œuf; puis on voit un cordon chromatique se constituer dans chaque pronucléus et deux anses chromatiques primaires se former aux dépens de chacun d'eux; puis le vitellus se divise et les préparations donnent successivement tous les stades de la karyokinèse. Sur le même porte-objet les œufs se trouvent à peu près tous au même stade du développement. On varie la durée de l'action de l'acide dans les trois préparations faites au même moment, de façon à tuer dans chacune d'elles un nombre plus ou moins considérable d'œufs, ou bien à les tuer tous. Dans ce dernier cas encore, les œufs présentent tous indistinctement les mêmes particularités. Dans les préparations où l'action de l'acide a été moins prolongée, un certain nombre d'œufs ont échappé à la mort. Si l'on prend la précaution d'enlever le couvre-objet, ou même sans prendre cette précaution, ces œufs continuent leur évolution normale et, après quelques semaines, on y trouve des embryons complètement développés, parfaitement vivants et se contournant en tous sens. Les œufs mis en culture ne sont pas tous employés. Après quelques semaines, on trouve un embryon vivant dans chacun des œufs conservés dans le verre de montre.

Il faut bien admettre que ces œufs n'étaient point patho-

logiques, et si ceux qui sont restés en culture et qui ont
pu se développer complètement étaient des œufs normaux,
capables d'un développement normal, dira-t-on que ceux
qui ont été tués par l'acide et chez lesquels deux anses
chromatiques se sont constituées aux dépens de chacun
des pronucléus, sans aucune conjugaison préalable, étaient
des œufs pathologiques?

Soutiendra-t-on que l'acide acétique les a rendus
malades avant de les tuer? Comment se fait-il alors que
ceux qui ont été plongés dans l'acide pendant plusieurs
minutes, mais qui ont néanmoins échappé à la mort, à raison
de l'action trop peu prolongée du réactif, donnent naissance
à des embryons parfaitement vivants? Il faut n'avoir jamais
observé l'instantanéité avec laquelle l'aspect du vitellus
change, au moment où l'acide, après avoir traversé les
enveloppes, arrive au contact du globe vitellin, pour exprimer semblable opinion.

Si l'on plonge les œufs dans de l'alcool faible, ils ne
sont tués qu'après une immersion prolongée. On pourrait
croire que, dans ces conditions, les œufs avant de mourir
ont pu pendant quelque temps évoluer anormalement.
Ici, l'objection pourra paraître fondée; et cependant elle
ne l'est pas; nous n'avons rencontré dans les œufs traités
de cette manière que des stades normaux, montrant les
mêmes phénomènes que l'on constate en traitant par l'acide
acétique et dont on peut contrôler le caractère normal,
tout au moins en ce qui concerne les phénomènes exté-
rieurs de la segmentation, en comparant avec le vivant.
Quant au traitement par l'acide acétique ou par un mélange
d'acide et d'alcool absolu, l'objection tombe d'elle-même
en présence de ce fait que les œufs sont tués en quelques

minutes. Il serait plus exact de dire qu'il suffit de quelques minutes pour que le réactif traverse les couches périvitellines et arrive au contact du vitellus. Dès le moment où l'acide atteint le globe vitellin, il est instantanément tué et fixé dans sa forme, comme le serait un œuf nu ou entouré de membranes n'opposant aucun obstacle à la pénétration des liquides.

La méthode à l'acide acétique, qui donne des résultats si favorables pour l'étude de la formation des pronucléus et de la segmentation, ne convient pas pour l'analyse des figures qui se rattachent à la formation des globules polaires. La cause en est dans la composition du vitellus, toute différente pendant la période de maturation de l'œuf et après la maturation. Il existe probablement dans le protoplasme ovulaire, préalablement à l'expulsion du second globule polaire, des substances qui gonflent au contact de l'acide. Ce gonflement détermine des altérations profondes du corps cellulaire et des figures pseudo-karyokinétiques.

Nous n'avons pas réussi à trouver, pour l'étude de la formation des globules polaires, de méthodes plus favorables que celles qui ont donné à l'un de nous les résultats qu'il a fait connaître. La valeur de ces méthodes a été critiquée et l'on a révoqué en doute le bien-fondé des conclusions tirées de l'étude de ces préparations, quant à la signification des globules polaires. La plupart des auteurs continuent à penser que les globules polaires sont essentiellement des cellules, et que les phénomènes préalables à l'expulsion de ces éléments sont assimilables à ceux qui caractérisent essentiellement la karyokinèse.

Nous réservons pour plus tard la discussion des objections qui ont été faites à l'interprétation des figures décrites et figurées dans le mémoire sur la maturation de l'œuf et la fécondation chez l'Ascaris. Nous nous bornons à déclarer que nous maintenons absolument l'opinion émise par l'un de nous quant à la nature des globules polaires. Sans entrer dans le détail des phénomènes qui préludent à la formation de ces éléments, nous appellerons l'attention sur le fait suivant qui, à notre avis, résoud la question. Chaque fois qu'une cellule de l'Ascaris se divise, on constate dans la plaque équatoriale de la figure dicentrique l'existence de quatre anses chromatiques, et les noyaux dérivés se constituent aux dépens de quatre anses secondaires. La division karyokinétique n'a donc pas pour effet de réduire le nombre des éléments chromatiques du noyau, mais seulement de dédoubler ces éléments. Au contraire, la genèse des globules polaires a pour résultat de réduire de moitié le nombre des éléments chromatiques du noyau ovulaire. Dans les œufs primordiaux et les spermatomères en voie de division, comme dans les cellules des tissus et les blastomères en cinèse, la plaque équatoriale se constitue de quatre anses chromatiques. La chromatine de l'œuf ovarien, condensée dans le corpuscule germinatif, procède de quatre anses chromatiques. Tout au contraire, le pronucléus femelle se constitue aux dépens de deux bâtonnets chromatiques et il ne fournit que deux anses chromatiques à la première figure dicentrique : il n'est donc, au point de vue de la quantité de chromatine qu'il renferme, qu'un demi noyau. Pendant la genèse des globules polaires, le noyau ovulaire a donc subi *une réduction* nucléaire. Le noyau ovulaire, après le rejet des globules polaires, n'est plus qu'un demi noyau.

2

Ce fait capital, établi pour la première fois dans le mémoire sur la maturation de l'œuf et la fécondation chez l'Ascaris, montre à l'évidence qu'il existe une différence radicale entre une division cellulaire et la formation des globules polaires.

Dans son mémoire sur la spermatogenèse chez l'Ascaris, publié en collaboration avec Ch. Julin, l'un de nous a montré qu'il en est de même lors de la formation des spermatozoïdes. Tandis que, dans les spermatomères en cinèse, la plaque équatoriale se constitue de quatre anses chromatiques, identiques à celles que l'on observe dans un blastomère en voie de division, dans les spermatogonies l'on ne trouve plus, au stade de la métaphase, que deux éléments chromatiques primaires, et il en est de même dans les spermatocytes et par conséquent dans les spermatozoïdes.

Donc, tandis que les noyaux de toutes les cellules de l'Ascaris sont caractérisés en ce qu'ils renferment l'équivalent de quatre anses chromatiques, l'œuf, après avoir subi les phénomènes de la maturation, les spermatogonies, les spermatocytes et les spermatozoïdes, ne renferment plus chacun qu'un demi-noyau. Alors que, dans toute division mitosique, il s'opère un dédoublement des éléments chromatiques, jamais de réduction, la formation des globules polaires et la genèse des spermatozoïdes sont caractérisés par une réduction de moitié des éléments chromatiques de la cellule. Tandis que, dans toute cellule de l'Ascaris, existe l'équivalent de quatre anses chromatiques, dont la présence caractérise un noyau complet, il n'existe dans l'œuf mûr et dans le spermatozoïde que l'équivalent de deux anses chromatiques.

RÉSULTATS.

§ I. — *Formation des pronucléus.*

L'une des conclusions fondamentales que l'un de nous a formulées dans le mémoire qui fut livré à la publicité au commencement d'avril 1884, c'est que l'un des deux éléments nucléaires, que l'on trouve dans les œufs vaginaux et utérins (quart inférieur de l'utérus) de l'Ascaris, se développe tout entier et exclusivement aux dépens du zoosperme, tandis que le second procède d'un reste de la vésicule germinative, concurremment avec le second globule polaire. Seul le noyau du spermatozoïde intervient dans la formation du pronucléus mâle : le protoplasme du zoosperme subit, pendant la maturation de l'œuf, une dégénérescence progressive, qui s'accuse notamment en ce qu'il acquiert une grande avidité pour les matières colorantes. Au moment où le petit noyau chromatique du zoosperme se transforme en un noyau vésiculeux, sphérique et à structure réticulée, le résidu dégénéré du protoplasme spermatique entoure ce noyau, en tout ou en partie, et lui constitue un revêtement à surface irrégulière, qui se colore énergiquement en brun par la vésuvine. (Pl. I, fig. 1.) Quand le pronucléus a atteint un certain volume, il quitte la concavité de la calotte que lui formait le résidu du protoplasme spermatique, et l'on trouve alors le résidu de ce dernier dans le vitellus, à côté du pronucléus. (Pl. I, fig. 2 et 3. Voir aussi pl. XVIIIbis, fig. 3, 5 et

6, pl. XIX, fig. 4, 5, 6, 7, 8 du mémoire cité). La calotte recroquevillée, réduite à un amas irrégulier de substance assez réfringente, nettement circonscrite et se colorant vivement en brun par la vésuvine, est alors progressivement résorbée (pl. I, fig. 4) ; elle finit par disparaître complètement. Pendant ce temps, le pronucléus mâle continue à s'accroître.

En même temps que se forme le pronucléus mâle, aux dépens du noyau du zoosperme, le pronucléus femelle prend naissance à la périphérie du vitellus, au voisinage du second globule polaire. (Voir pour les détails du phénomène, pl. XVIIIbis, fig. 3, 4, 5 et 6, pl. XIXbis, fig. 1, 2, 3, 4, 5 et 6 du mémoire cité.)

Les préparations faites au moyen de la méthode à l'acide acétique et coloration par les matières d'aniline ont si complètement confirmé ces résultats, que nous n'avons rien à ajouter, rien à retrancher de la description que l'un de nous à faite précédemment de cette période du développement.

§ II. — *Prophases cinétiques.*

Un autre résultat du même travail, c'est que, dans l'immense majorité des œufs, il ne se produit pas, chez l'Ascaris du cheval, de conjugaison des pronucléus. Dès que les éléments nucléaires ont atteint leur complet développement, il se constitue dans chacun d'eux, aux dépens du reticulum nucléaire, un cordon chromatique. Les préparations à l'acide acétique nous ont permis d'étudier de plus près la genèse de ce cordon. Il se forme exclusivement à la périphérie du pronucléus, et siège, tout au moins en grande

partie, dans l'épaisseur de la membrane nucléaire (1). Il se
présente, au début, sous la forme d'un cordon extrêmement fin, très sinueux, contourné et pelotonné. Il est difficile de dire si, à ce stade, où chacun des pronucléus présente exactement l'aspect que Flemming a si bien figuré
pour les noyaux de la salamandre au début de la cinèse
(*Beitr. zur Kenntn. der Zelle.* Arch. f. Mikr. Anat. Bd. 16,
pl. XVII, fig. 3), le cordon est continu ou discontinu. A
mesure que le développement progresse, le cordon s'épais-
sit et se raccourcit; son trajet devient moins flexueux,
et bientôt il devient facile de constater que, dans chacun
des pronucléus, il n'existe qu'un cordon unique et continu,
formant dans la plupart, sinon dans tous les cas, une
courbe fermée. A un moment donné, on distingue nettement, dans chaque pronucléus, un champ polaire répondant
à la zone que Rabl a décrite sous ce nom dans les noyaux
de la salamandre. Le cordon décrit à la surface de chaque
pronucléus un certain nombre de lignes méridiennes qui,
à des distances variables du champ polaire, se réunissent en
anses deux à deux. Ces méridiens, flexueux à des stades
plus jeunes, se régularisent progressivement; leurs termi-
naisons en anses s'éloignent progressivement du champ
polaire et aussi du pôle du noyau opposé à ce champ.
Il arrive un moment où le cordon chromatique ne forme
plus qu'un anneau sinueux, à mi-distance entre les deux
pôles du noyau. Puis une moitié de l'anneau est refoulée
dans l'autre : le cordon chromatique de chaque pronucléus
forme une figure analogue à celle que l'on produirait au
moyen d'un anneau élastique, en le pliant suivant un de

---

(1) *Loc. cit.*, page 532.

ses diamètres de façon à en faire deux demi-anneaux superposés. Chaque demi-anneau n'est pas cependant régulièrement semi-circulaire; il décrit encore des sinuosités plus ou moins marquées. Après ce stade, le cordon chromatique subit généralement une rétraction; il quitte en partie la surface des pronucléus et se pelotonne plus ou moins vers l'intérieur, de sorte que, dans beaucoup d'œufs, il devient difficile d'analyser le cordon.

Le plus souvent avant, parfois seulement après cette rétraction, qui est du reste plus ou moins accusée et présente des aspects variables d'un œuf à l'autre, le cordon subit la segmentation transversale. Il résulte de cette segmentation que, dans chacun des pronucléus, le cordon chromatique se résout en deux anses chromatiques primaires, plus ou moins parallèles entre elles, parfois emboîtées l'une dans l'autre; parfois les deux anses, encore réunies entre elles par une de leurs extrémités, forment ensemble une sorte de W. Le plus souvent l'une des anses est un peu plus courte que l'autre. A ce moment *les pronucléus, dont les contours sont devenus fort indistincts, se regardent l'un l'autre par leurs faces latérales, les champs polaires étant dirigés d'un même côté, vers les sphères attractives adjacentes entre elles.* Les anses primaires ont leurs extrémités divergentes et elles dirigent toutes, vers le centre de la figure, la convexité de la courbe qu'elles décrivent. Leur position relative se modifie peu à peu : au moment où elles viennent de se constituer, les quatre anses forment encore deux groupes composés chacun des deux éléments dérivés d'un même pronucléus. Souvent les deux anses d'un même groupe sont au début plus ou moins parallèles entre elles; elles décrivent la même courbe, et l'une se trouve logée dans la concavité de l'autre. Plus tard les anses d'un même groupe s'écartent l'une de l'autre et en viennent à se placer l'une à côté de l'autre. A ce moment il devient impossible de distinguer les anses paternelles des anses maternelles : les quatre anses forment ensemble une étoile composée d'éléments semblables juxtaposés entre eux. Les membranes des pronucléus n'existent déjà plus depuis longtemps et il peut sembler, si l'on n'y regarde pas de très près, que les anses chromatiques sont librement suspendues dans le protoplasme ovulaire. Alors s'accomplit la division longitudinale ou le dédoublement des anses primaires en anses secondaires : l'étoile chromatique primaire se divise, suivant le plan équatorial de la figure, en deux étoiles chromatiques secondaires, identiques entre elles ; adjacentes l'une à l'autre au moment où elles prennent naissance, elles s'écartent progressivement l'une de l'autre, gagnent peu à peu les pôles de la figure dicentrique et constituent les ébauches des noyaux des cellules filles. Cette découverte du cheminement vers les pôles opposés de la figure des anses jumelles, nées du dédoublement d'une anse primaire, fut faite en même temps par l'un de nous chez l'Ascaris (1),

---

(1) Le premier exemplaire de mon mémoire fut remis à Dubois-Raymond, lors de son passage à Liège, le 4 avril 1884. Le travail de Heuser parut dans le courant de mars 1884. Il résulte de ces dates que cette découverte à été faite et publiée à peu près simultanément par Heuser dans des cellules végétales et par moi dans des cellules animales. Le mémoire de Rabl, sur la karyokinèse chez la salamandre, parut plusieurs mois plus tard. C'est donc tout à fait à tort que Waldeyer, dans un écrit récent, attribue à Heuser et à Rabl la découverte dont il s'agit. Je tiens à en revendiquer la priorité pour Heuser et pour moi-même. Nos travaux ont paru à moins d'un mois d'intervalle. De même que Heuser à découvert ce fait important chez les végétaux, sans connaitre les résultats de mes recherches chez l'Ascaris,

par Heuser dans les cellules végétales et, bientôt après, elle fut confirmée par Rabl dans les cellules des tissus de la salamandre. Elle donne la clef de l'interprétation des phénomènes si compliqués, jusque-là incompréhensibles, de la karyokinèse.

En ce qui concerne la division du premier blastomère de l'Ascaris, cette découverte a permis de reconnaître que la chromatine des noyaux des deux premiers blastomères dérive, par moitiés, du pronucléus mâle et du pronucléus femelle, sans qu'à aucun moment il y ait eu ni fusion, ni mélange, moins encore d'imprégnation (*Durchdringen* Hertwig) des chromatines paternelle et maternelle. Si l'on rapproche l'un de l'autre ces trois faits : 1° le fait bien connu que le descendant hérite, à égalité de titres et par parts égales, des caractères paternels et des caractères maternels, qu'il tient également du père et de la mère; 2° le fait, résultant avec une absolue certitude de l'étude du développement de l'Ascaris, que le corps protoplasmique du spermatozoïde dégénère et n'intervient pas dans l'édification du corps protoplasmique de la première cellule embryonnaire, que le noyau du zoosperme est le seul élément paternel fourni à l'œuf fécondé; 3° que les noyaux des deux

---

de même je n'avais et je ne pouvais avoir aucune connaissance de ses travaux, quand j'ai reconnu, dans les blastomères de l'Ascaris, la raison de la division longitudinale des anses primaires. Je pense aussi que la constatation des mêmes faits par Rabl, dans les cellules de la salamandre, a été tout à fait indépendante. Cependant le mémoire de Rabl parut assez longtemps après les recherches de Heuser et après mon travail, pour avoir permis à cet auteur de citer nos ouvrages. Quelques-uns des résultats consignés dans mes « *Recherches* » sont cités par Rabl à la page 248, dernier alinéa, de son mémoire.   ÉDOUARD VAN BENEDEN.

premiers blastomères et tous les noyaux subséquents se constituent aux dépens de quatre anses chromatiques semblables entre elles, dont deux paternelles et deux maternelles, on en arrive à cette double conclusion : 1° que le noyau est le support exclusif des propriétés héréditaires et l'organe directeur du développement, de la forme et de la fonction ; et 2° que l'hérédité se conçoit chez les êtres les plus compliqués, au même titre et de la même manière que chez les Protozoaires qui se multiplient par division. La première de ces conclusions a été surtout mise en lumière, après la publication de nos recherches sur la fécondation chez l'Ascaris, par Strasburger, par O. Hertwig, par Weissmann et par Kölliker.

§ III. — *Théorie de la fécondation.*

Les observations que nous venons de rappeler, pleinement confirmées par l'étude des préparations faites au moyen de l'acide acétique, ont conduit l'un de nous à formuler une théorie de la fécondation toute différente de celle de Hertwig, généralement acceptée aujourd'hui en Allemagne.

Pour O. Hertwig, comme pour Strasburger et beaucoup d'autres auteurs, la fécondation consiste essentiellement dans la conjugaison du noyau spermatique avec le noyau ovulaire. Pour ces auteurs il n'y a pas de différence entre les éléments nucléaires que l'un de nous a le premier appelés *pronucléus*, afin de bien les distinguer des noyaux complets, et des noyaux de cellules ordinaires. La formation des globules polaires consisterait, d'après eux, en une division cellulaire ne différant en rien d'essentiel de toute autre karyokinèse ; elle ne se rattacherait pas à la fécondation, et il faut attribuer aux globules polaires une signification non pas physiologique mais morphologique. Le sens qu'il faut attribuer au mot conjugaison, les frères Hertwig l'ont bien précisé dans leur dernier travail, quand ils ont cherché à montrer que la fécondation n'est accomplie, qu'un développement normal de l'œuf n'a lieu, qu'à la condition que le noyau spermatique et le noyau ovulaire se soient non seulement soudés entre eux, mais qu'ils se soient intimement confondus (*Durchdringt*) : « nur dann, wenn die Substanzen von Ei- und Spermarkern sich ganz durchdringen, entstehen Kerne, welche mit allen für die weitere Entwicklung nötigen Lebenseigenschaften ausgerüstet sind (1) ».

La théorie qui a été formulée précédemment par l'un de nous, fondée sur les phénomènes observés chez l'Ascaris, voit dans la conjugaison des pronucléus un phénomène tout accessoire et en quelque sorte accidentel. La fécondation et la maturation de l'œuf sont des phénomènes inséparables, en ce sens que le second est nécessairement préalable au premier : la fécondation consiste essentiellement dans un remplacement, dans la substitution d'un demi-noyau fourni par le mâle et introduit par le spermatozoïde, à un demi-noyau éliminé par l'œuf sous forme de globules polaires. La cellule-œuf, réduite après la maturation à un gonocyte femelle, à un organisme élémentaire pourvu d'un demi-noyau, et pour ce motif incapable de multiplication, se complète et devient la première cellule

---

(1) O. et R. HERTWIG. *Uber den Befruchtungs-und Teilungs-Vorgang des thierischen Eies, unter dem Einfluss aüsserer Agentien.*

de l'embryon, quand un demi-noyau d'origine mâle ou paternelle s'est constitué, dans le vitellus, aux dépens de l'élément nucléaire du zoosperme. La fécondation, de même que la nutrition, se constitue de deux ordres de phénomènes opposés : élimination et remplacement d'une part, décomposition et recomposition de l'autre : dans l'un comme dans l'autre cas une réduction s'accomplit d'abord, une reconstitution ou une substitution ensuite. Cette comparaison n'a d'ailleurs que la valeur d'une image destinée à faire comprendre la pensée; car dans la nutrition il s'agit d'un phénomène chimique, dans la fécondation d'un phénomène morphologique.

Mais dès que ces deux demi-noyaux existent dans le corps protoplasmique de l'œuf, la fécondation est accomplie et il est absolument indifférent, pour la suite du développement, que les demi-noyaux que nous avons appelés des pronucléus se confondent en un noyau unique ou qu'ils restent séparés et écartés l'un de l'autre. Dans l'immense majorité des œufs d'Ascaris, ils restent séparés l'un de l'autre et ils se comportent, dans l'édification de la première figure karyokinétique, absolument comme s'ils ne formaient ensemble qu'un noyau unique. Les éléments qui, dans une mitose ordinaire, procèdent du noyau, sont fournis ici, par moitiés égales, par chacun des pronucléus.

Cette théorie repose sur les faits suivants :

1° La genèse des pronucléus coïncide exactement avec l'élimination du second globule polaire, c'est-à-dire avec le moment où l'œuf a achevé sa maturation;

2° Dans l'immense majorité des cas, il ne se produit pas même d'accolement entre les pronucléus;

3° Les changements préalables à la constitution de la figure dicentrique s'accomplissent simultanément dans les deux pronucléus, qui, quoique écartés l'un de l'autre, se comportent exactement comme s'ils ne formaient qu'un noyau unique ;

4° Deux éléments nucléaires, l'équivalent de deux anses chromatiques, sont éliminés par l'œuf, lors de la formation des globules polaires, de telle sorte que le pronucléus femelle diffère des noyaux des cellules des tissus de l'Ascaris, en ce qu'il ne renferme plus que deux anses chromatiques au lieu de quatre.

5° Le noyau du zoosperme ne renferme lui non plus que deux éléments chromatiques au lieu des quatre anses que l'on observe constamment dans les spermatomères en voie de division. L'élément nucléaire du zoosperme, aussi bien que l'ébauche du pronucléus femelle, ne sont donc, en se fondant sur le nombre des éléments chromatiques qu'ils représentent, que des demi-noyaux.

6° Dès le moment où les pronucléus se sont constitués à l'état de corps nucléaires sphériques et réticulés, dès le moment où ils ont atteint leur complet développement, la cinèse commence. La première cellule embryonnaire, capable de division et représentant virtuellement l'individu futur, est donc constituée dès le moment où, aux dépens du reste de la chromatine ovulaire d'une part, de la chromatine du spermatozoïde de l'autre, se sont formés deux éléments nucléaires réticulés.

Les deux éléments représentent ensemble un noyau complet, et il est absolument indifférent qu'ils s'accolent et se fondent ou non l'un avec l'autre puisque, chez l'Ascaris, cette fusion n'a pas lieu dans l'immense majorité des œufs.

Quelques-uns des faits qui servent de base à notre théorie ont été récemment contestés par deux auteurs,

M. le chanoine Carnoy, professeur à l'Université de Louvain (1), et M. le Dr O. Zacharias, de Hirchberg.

---

(1) Il ne peut me convenir ni de discuter avec M. le chanoine Carnoy, ni de répondre aux critiques dirigées contre mes travaux dans ses ouvrages, dans les conférences qu'il a faites, notamment à la Société de microscopie de Bruxelles, dans des journaux politiques belges, tels que le *Patriote* et le *Bien public*, et dans la *Revue scientifique*. Les motifs les voici : M. Carnoy affirme, dans le prospectus de sa *Biologie cellulaire*, qu'il fit paraître en juin 1885, que les globules polaires se forment, chez les Nématodes, *au sein du corps ovulaire!* Dans un œuf que l'auteur représente cinq fois, et qu'il dit avoir suivi durant 2 ¹/₂ heures, un globule polaire est représenté *en voie de formation, aux dépens d'un noyau ovulaire sphérique,* AU SEIN DU CORPS PROTOPLASMIQUE, *puis arrivé plus près de la surface,* puis enfin éliminé (fig. 211 et 212, *b, c, d, f, g*)! M. Carnoy figure LE SPERMATOZOÏDE de l'Ascaris mégalocéphale, entouré d'un magnifique aster, EN CONJUGAISON avec un noyau femelle consistant en quelques granulations entourées d'un autre aster (fig. 217)! Il figure sous le nom de cellule mère des spermatoblastes, un spermatozoïde (fig. 200 B)! Alors que les travaux de Munk ont établi depuis trente ans qu'il ne se forme jamais, chez les Nématodes, que quatre spermatozoïdes aux dépens d'une spermatogonie, non par bourgeonnement mais par division, M. Carnoy représente jusqu'à 15 spermatozoïdes se formant par bourgeonnement aux dépens d'un spermatoblaste! (Fig. 201.) Ces spermatoblastes n'existent pas. M. Carnoy ignore qu'il se forme successivement DEUX globules polaires chez l'Ascaris; il n'a pas la moindre notion des pronucléus : il fait *conjuguer le spermatozoïde avec le noyau ovulaire!* Ces faits donnent la mesure des aptitudes de M. Carnoy en matière d'observation, en même temps qu'ils montrent l'étendue de son savoir.

Le même auteur qui, en juin 1883, s'imaginait que les globules polaires siègent, chez les Nématodes, au sein du corps ovulaire, qui les représente tout formés, blottis (sic) dans le protoplasme, qui ignorait l'existence de deux globules polaires chez ces animaux, qui représentait la conjugaison entre le spermatozoïde et le noyau ovulaire, a

Nous ne savons quelle méthode M. e Dr Zacharias a
employée pour obtenir les préparations qui lui ont fait
voir les images extraordinaires qu'il a représentées pl. IX,
fig. 12 à 17, de son mémoire. Cette méthode, il n'a pas cru
devoir la faire connaître. M. le Dr Zacharias n'a pas vu
qu'au moment de la formation du second globule polaire,
le spermatozoïde existe encore au centre du vitellus; que
son corps protoplasmique dégénéré entoure encore le
noyau spermatique; que c'est entouré par ce résidu que
le pronucléus mâle se constitue à l'état de noyau vésiculeux
et réticulé; que le pronucléus ne se débarasse de ce revêtement que quand il a atteint des dimensions déjà considérables; que le pronucléus femelle se forme à la périphérie de l'œuf, aux dépens de deux bâtonnets chromatiques
qui, d'abord homogènes en apparence, plus foncés et plus

---

publié en 1886, deux ans après l'apparition de mon Mémoire, deux
travaux dont les résultats et les figures rappellent d'autant plus ceux
que j'avais fait connaître, qu'ils s'éloignent davantage des résultats et
des figures consignés dans le prospectus de la *Biologie cellulaire*.

Cependant M. Carnoy ne cite mon nom que quand il croit devoir
me combattre, et pour en avoir de plus fréquentes occasions, il relate
mes observations d'une manière erronée; il tronque les citations et
m'attribue des opinions que je n'ai jamais exprimées. C'est du reste
une habitude, peut-être même un principe, chez lui, de ne citer les
auteurs que pour relever les erreurs qu'il leur attribue.

La conclusion des œuvres de M. Carnoy, c'est qu'aucune loi ne se
dégage de l'étude des phénomènes de la karyokinèse et de la fécondation : qu'aucun phénomène n'est essentiel, que tous sont variables !
Cette thèse M. Carnoy s'est efforcé de l'établir; je ne sais s'il s'imagine
avoir réussi à le faire. Mais je pense qu'il a surtout réussi à démontrer
qu'il n'est pas donné au premier venu de contribuer efficacement aux
progrès de la science. *Non cuivis homini contingit adire Corinthum.*

ÉDOUARD VAN BENEDEN.

réfringents à leurs extrémités qu'à leur milieu, prennent peu à peu une apparence ponctuée; qu'en même temps qu'ils se résolvent en granulations chromatiques, reliées entre elles par de fins filaments, ils augmentent de volume, et que, de leur périphérie, partent de fins filaments traversant l'espace clair qu'ils occupent; qu'au moment où ils se constituent à l'état de noyaux vésiculeux et réticulés les deux éléments nucléaires se trouvent presque toujours fort écartés l'un de l'autre, le pronucléus mâle occupant dans l'immense majorité des cas le centre du vitellus, tandis que le pronucléus femelle siège à la périphérie, au voisinage du second globule polaire; que l'on trouve pendant longtemps, à côté du pronucléus mâle exclusivement formé aux dépens du zoosperme, le résidu du corps protoplasmique du spermatozoïde. M. le Dr O. Zacharias n'a constaté aucun de ces faits, que chacun pourra contrôler, non seulement en employant l'acide acétique pur ou le mélange d'acide et d'alcool, mais même en examinant des œufs non segmentés fixés au moyen de l'alcool et colorés par le carmin boracique. Nous nous offrons à envoyer nos préparations, démontrant la genèse des pronucléus, à tout histologiste, à tout embryologiste compétent, qui nous en exprimera le désir. Nous affirmons de la façon la plus catégorique que jamais, dans aucun œuf, il ne se fait aucune union entre les éléments chromatiques mâles et femelles, comme ceux que M. Zacharias a cru observer et qu'il a figurés planche IX, figures 13 et 14 de son mémoire; que *jamais, dans aucun œuf, les deux éléments nucléaires que renferment les œufs du vagin et du quart inférieur de l'utérus n'ont la signification que M. Zacharias a cru devoir leur attribuer.* L'un de ces éléments nucléaires dérive toujours et exclusivement du zoosperme, l'autre toujours et exclusivement de l'œuf.

Autant M. le Dr Zacharias se trompe quand il décrit et

figure une conjugaison entre chromatines mâle et femelle
d'où résulterait la formation de deux noyaux conjugués,
autant il a raison quand il affirme que, dans certains œufs,
les pronucléus s'accolent l'un à l'autre, pour donner naissance à un noyau unique. Tandis que, dans la plupart des
femelles, il est difficile, parfois même impossible de trouver un seul œuf montrant les pronucléus soudés entre
eux, dans d'autres, ces cas ne sont pas extrêmement rares,
tout en restant toujours exceptionnels. C'est ce que M. le
Dʳ O. Zacharias pourra lire à la page 525 de notre premier
mémoire. Il y est dit :

« On rencontre dans un certain nombre d'œufs un
véritable accolement des deux pronucléus qui se défor-
ment et s'aplatissent suivant la portion de leur surface par
laquelle ils se touchent. Il s'agit toujours alors de pronucléus
arrivés à maturité et présentant la constitution que j'ai
décrite et représentée planche XIXbis, figure 8. Ces éléments se moulent partiellement l'un sur l'autre, mais sans
jamais se confondre en un noyau unique et indivis. Ces
cas d'accolement sont relativement rares : sur une cen-
taine d'œufs montrant les pronucléus complètement séparés, on en trouve deux ou trois à peine dans lesquels
l'accolement s'est produit. Dans l'immense majorité des
cas, les deux pronucléus restent distincts et indépendants
l'un de l'autre, et toute la série des changements que je
vais décrire, qui préludent à la division cellulaire et constituent les premières phases de ce phénomène, s'accomplissent dans les pronucléus encore écartés l'un de l'autre.
Ces mêmes changements peuvent se produire après accolement préalable ; mais il est certain que cette union est
accidentelle : elle n'entraîne pas une fusion : on ne peut
donc lui accorder aucune valeur principielle : les deux
pronucléus ne se confondent jamais. »

Qu'est-ce à dire, si ce n'est que dans des cas exceptionnels les cordons chromatiques procédant l'un du père,
l'autre de la mère, peuvent se constituer aux dépens des pronucléus unis en un noyau unique en apparence, tandis que
dans l'immense majorité des œufs ces cordons se forment
alors que les pronucléus sont encore séparés et écartés l'un
de l'autre? M. Zacharias croit-il qu'il serait logique d'admettre que, si dans quatre-vingt-dix-sept œufs sur cent,
deux des anses chromatiques primaires dérivent incon-
testablement et exclusivement du pronucléus mâle, deux
autres du pronucléus femelle, les quatre anses chromatiques auraient une autre signification dans les cas où, au
lieu de rester séparés l'un de l'autre, ces pronucléus s'accolent entre eux?

Nous avons estimé à 2 ou 3 p. % la proportion des
œufs chez lesquels on constate une union des pronucléus
préalablement à la formation de cordons pelotonnés dans
chacun d'eux. Nous avons fait le dénombrement des œufs
de cinq préparations faites au moyen d'œufs vaginaux ou
utérins de cinq femelles différentes. Voici les résultats de
l'analyse de ces préparations :

Préparation.	Nombre total des œufs.	Nombre des œufs montrant les pronucléus séparés.	Nombre des œufs montrant les pronucléus réunis en un noyau unique.
1	347	345	2
2	322	305	17
3	154	154	0
4	240	236	4
5	512	503	9
Totaux.	1,575	1,543	32

La moyenne est donc de deux et une fraction p. °/₀. Que conclure de là, si ce n'est que la conjugaison, l'accolement et la fusion apparente des pronucléus constituent un phénomène accidentel, indifférent et sans aucune importance. A supposer même que la fusion, au lieu de se présenter exceptionnellement, se produise dans l'immense majorité des œufs, mais que le développement s'accomplisse normalement et amène la formation d'une larve normale, dans quelques rares œufs où la conjugaison des pronucléus n'aurait pas eu lieu, qu'il résulterait encore avec évidence de l'existence de ces faits exceptionnels que la conjugaison n'est pas essentielle à la fécondation.

La conjugaison des pronucléus a été observée chez plusieurs espèces animales et végétales. Nous n'avons jamais songé à contester l'exactitude des observations faites chez ces espèces, nous n'avons pas pensé qu'elles pussent être invoquées comme objection contre notre théorie de la fécondation. Le fait qu'il est établi pour une espèce animale, l'Ascaride mégalocéphale, que le développement normal et complet de l'embryon s'accomplit sans qu'il y ait eu au préalable conjugaison de pronucléus, non pas dans tous les œufs, mais dans l'immense majorité des œufs (97 °/₀ au moins), ce fait prouve inéluctablement que l'essence de la fécondation ne réside pas dans une union des pronucléus.

La circonstance que chez l'Ascaris la conjugaison peut indifféremment se produire ou ne pas se produire, sans qu'il en résulte aucune conséquence pour la suite du développement, ne prouve-t-elle pas à elle seule tout le bien fondé de la conclusion? Et comme les phénomènes qui s'accomplissent dans chacun des pronucléus sont de tous points identiques à ceux qui, dans le noyau unique d'une cellule ordinaire, se passent préalablement à la constitution de la figure karyokinétique, que les pronucléus se conduisent exactement comme s'ils ne formaient ensemble qu'un noyau unique, il est de toute évidence que la première cellule embryonnaire se trouve constituée, que par conséquent la fécondation est accomplie dès le moment où les pronucléus ont atteint leur complet développement.

L'étude des préparations à l'acide acétique ou à l'alcool acétique ne nous ont rien appris à cet égard que ne nous aient montré les préparations d'œufs fixés par l'alcool. Dans les unes comme dans les autres on trouve exceptionnellement çà et là, au milieu de centaines d'œufs, montrant les pronucléus bien distincts et plus ou moins écartés l'un de l'autre, quelques rares œufs où les pronucléus se trouvent accolés et soudés entre eux.

Quand les pronucléus ont perdu leur contour et qu'un gros cordon chromatique se trouve constitué dans chacun d'eux, il n'est pas toujours possible de décider s'il existe un cordon unique et commun aux deux éléments ou deux cordons distincts. Il suffira que les deux pronucléus soient voisins l'un de l'autre ou qu'ils se projettent légèrement l'un sur l'autre, pour qu'il soit impossible de trancher la question de savoir s'il y a ou non continuité entre les cordons chromatiques des deux pronucléus. A plus forte raison, s'il y a eu soudure au stade réticulé entre les deux pronucléus, sera-t-il bien difficile de dire s'il s'est constitué, dans le noyau de segmentation, un cordon chromatique unique ou deux cordons distincts. Mais tous ceux qui voudront prendre la peine d'étudier les objets dont il s'agit reconnaîtront que l'on ne peut absolument rien conclure de ces cas douteux, alors que l'immense majorité des œufs démontrent de la façon la plus évidente la formation d'un cordon distinct et de deux anses chromatiques primaires dans chaque pronucléus. Si même dans tous les œufs qui se prêtent mal à l'observation, et où la solution de la question est douteuse, il n'existait réellement qu'un cordon unique, en serait-il moins vrai que dans la grande majorité des œufs le développement s'accomplit sans fusion préalable des pronucléus? Mais hâtons-nous d'ajouter que nous n'avons jamais eu sous les yeux un seul œuf qui nous ait montré avec certitude un cordon chromatique unique et commun pour les deux pronucléus; nous n'avons jamais vu des images comme celles que M. O. Zacharias a représentées planche X, figures 21, 22, 23, 24 de son mémoire. Ce jeune auteur invoque volontiers à l'appui de ses affirmations l'autorité de Flemming, sans indiquer de quels points particuliers Flemming est disposé à se porter garant. Il serait intéressant de savoir si les œufs représentés planche X, figures 21, 22, 23, 24 du mémoire de M. le Dr O. Zacharias ont été mis sous les yeux de Flemming, et si l'éminent cytologue de Kiel est disposé à certifier l'exactitude de ces images. Consentirait-il à affirmer, après l'examen des préparations de M. Zacharias, que les éléments qui sont pour nous l'un un pronucléus mâle, l'autre un pronucléus femelle, et cela dans tous les cas, sans aucune exception, sont, au contraire, à ses yeux des noyaux conjugués? A-t-il constaté par l'examen des préparations de M. Zacharias qu'il ne se forme qu'un cordon chromatique unique dans le noyau de segmentation, dans les cas exceptionnels où un semblable noyau prend naissance?

La tentative faite par M. Zacharias de représenter les phénomènes que l'on constate chez l'Ascaris mégalocéphale, comme corroborant la théorie de Hertwig, est donc,

d'après nous, tout à fait malheureuse. On comprendra
que nous ayons quelque peine à nous incliner devant l'autorité de ce jeune auteur, quand il proclame la supériorité
des recherches de MM. Nussbaum et de A. Schneider.
Nous attendons de l'avenir un jugement basé sur des
observations moins superficielles et moins rapides.

§ IV. — *Métaphase et anaphase.*

Le dédoublement des anses chromatiques primaires
présente fréquemment, dans les œufs de l'Ascaris, une
particularité intéressante, dont la constatation a permis de
rattacher à la karyokinèse ordinaire les phénomènes que
Flemming avait observés, en étudiant la cinèse des spermatocytes de la Salamandre, et qui lui avait fait admettre
l'existence d'un type aberrant, s'écartant assez notablement de la mitose normale. Voici en quoi consiste cette
particularité. Dans les blastomères de l'Ascaris, les anses
jumelles ou secondaires restent parfois unies entre elles
à leurs extrémités, alors qu'elles sont déjà notablement
écartées l'une de l'autre dans la plus grande partie de leur
longueur. Leur écartement est alors maximum vers leur
milieu et décroît vers leurs extrémités. Quand cette union
terminale se maintient pendant longtemps, l'ensemble de
la figure chromatique prend l'aspect d'un tonneau, caractéristique de la figure doliforme de Flemming.

Flemming, à la suite de nouvelles études faites par lui
sur la spermatogenèse chez la Salamandre (1), a reconnu

---

(1) N. FLEMMING, *Neue Beiträge zur Kenntniss der Zelle*, 1887,
Archiv für Mikr. Anat. Bd. 29.

que la division longitudinale des cordons chromatiques ne fait pas défaut dans les cas où elle lui avait échappé lors de ses premières recherches, et il se rallie pleinement à l'interprétation que nous avons donnée des images qu'il avait produites dans son précédent travail. Ses nouvelles études l'ont conduit d'autre part à admettre trois modalités dans la karyokinèse : deux d'entre elles, la forme hétérotypique et la forme homéotypique, se rencontrent dans la division des spermatocytes de la Salamandre; il existe dans ce cas un vrai dimorphisme dans la mitose. La première multiplication cellulaire des éléments épithéliaux se fait suivant la forme homéotypique. Les spermatocytes de la première génération, qui mesurent en moyenne 28 à 30 μ, se multiplient presque exclusivement suivant la forme hétérotypique. Lors de la division des spermatocytes de la seconde génération (18 à 20 μ) la forme hétérotypique est encore prédominante; mais on trouve cependant de nombreux cas de division homéotypique. Le nombre des cellules en division se rattachant à chacun des types est approximativement le même dans la multiplication des spermatocytes de troisième génération (14 à 15 μ).

Ce qui caractérise principalement la forme hétérotypique, c'est l'existence de la figure doliforme, à la suite du maintien prolongé d'une union entre les extrémités des anses secondaires dans le plan équatorial. Dans la forme homéotypique, au contraire, la séparation complète des anses secondaires se fait très tôt. Cependant le stade de la métakinèse est prolongé, en ce sens que les anses secondaires restent longtemps au voisinage de l'équateur avant de se disposer régulièrement en deux groupes étoilés, caractéristiques de la phase dyaster.

Nous avons reconnu que, à tous les stades de la segmentation, il se présente, chez l'Ascaris, des variations individuelles d'un œuf à l'autre, qui font qu'à un même stade de la segmentation, tantôt la mitose s'accomplit suivant le type ordinaire, tantôt suivant la forme hétérotypique. Dans certains œufs, la division longitudinale des anses se fait simultanément dans toute la longueur de ces éléments, et les étoiles secondaires, résultant du dédoublement de l'étoile primaire, s'écartent l'une de l'autre tout d'une pièce; c'est à peine si, au moment où elles commencent à s'éloigner l'une de l'autre, pour se rapprocher des pôles, et même au stade dyaster, les extrémités des anses s'inclinent légèrement vers l'équateur : les étoiles secondaires siègent tout entières dans deux plans parallèles entre eux et perpendiculaires à l'axe de la figure dicentrique. (Pl. IV, fig. 2.) Dans d'autres œufs l'union des anses secondaires, à leurs extrémités, se maintient encore dans le plan équatorial, alors que les convexités des anses se trouvent déjà fort écartées du plan équatorial et fort rapprochées des pôles. On rencontre alors de belles figures doliformes, comme celle que nous avons représentée planche IV, figure 3. On trouve toutes les transitions possibles entre ces formes extrêmes. L'existence de ces formes de transition et le fait que l'on rencontre, à un même stade de la segmentation, de grandes variations d'un œuf à l'autre, en ce qui concerne la métakinèse, prouvent que ces variations n'ont qu'une importance très secondaire. Nous dirons plus loin à quelle cause nous croyons devoir les attribuer.

II. Un fait que l'on constate constamment dans la forme hétérotypique, chez l'Ascaris, c'est que jamais les extrémités incurvées des anses secondaires ne sont dirigées directement vers les pôles de la figure dicentrique, comme le représente Flemming dans la figure 4, planche **XXXI** de son dernier mémoire. Sans vouloir émettre le moindre doute sur la réalité, chez la Salamandre, de la disposition figurée par Flemming, nous pouvons affirmer que généralement, peut-être même toujours, chez l'Ascaris, les parties des anses secondaires qui avoisinent le point de rebroussement des courbes se trouvent dans un seul et même plan, perpendiculaire à l'axe de la figure, leurs extrémités seules étant obliquement dirigées vers le plan équatorial. Cette disposition se maintient au stade dyaster, c'est-à-dire après l'écartement des anses jumelles du plan équatorial. Il en résulte que, dans la figure doliforme, une portion des anses secondaires répond aux fonds du tonneau, les méridiens étant constitués, non par les anses complètes, comme dans la figure de Flemming, mais seulement par les portions terminales de ces éléments. Ceci revient à dire que, à la fin de la métakinèse et, plus tard, au stade dyaster, chacune des branches de chaque anse secondaire décrit une ligne brisée. (Pl. **VI**, fig. 11 et 12.) On peut se représenter la figure réelle en s'imaginant le trajet que suivraient des méridiens tracés à la surface d'une sphère molle, après qu'elle aurait été aplatie à ses deux pôles, de façon à former une sphère doublement tronquée ou un tonneau.

Ce fait est intéressant, voici à quel point de vue. Nous avons observé que, dans une même préparation, on trouve des variations considérables d'un œuf à l'autre, en ce qui concerne la netteté des limites du fuseau achromatique. Dans certains œufs les filaments du fuseau achromatique se distinguent nettement des autres rayons de l'aster, en ce qu'ils sont formés par des fibrilles beaucoup plus volumineuses et partant beaucoup plus apparentes que celles

qui constituent les autres radiations de l'étoile achromatique. Dans ce cas on peut voir que les grosses fibrilles
qui marquent les limites du fuseau s'insèrent aux anses
chromatiques primaires vers le milieu de la longueur des
branches divergentes de ces dernières, et que la portion
des anses avoisinant leur point de rebrousement se trouve
en dedans, tandis que les extrémités des branches divergentes des anses se trouvent en dehors du fuseau. (Pl. VI,
fig. 7 et 9.) Dans les figures doliformes, comme au stade
dyaster, on voit que les points des anses où s'insèrent les
fibrilles génératrices des cônes achromatiques répondent
exactement aux points où les anses secondaires changent
brusquement de direction en formant un angle. (Pl. VI,
fig. 10, 11, 12.)

Ce fait nous paraît établir clairement la contractilité des
fibrilles constitutives du fuseau achromatique. Nous éta-
blirons plus loin que ces fibrilles ne sont en définitive,
comme toutes les autres radiations des asters, que des
éléments différenciés du treillis protoplasmique. Nous
avons déjà donné ailleurs d'autres preuves de la contractilité de ces fibrilles, et nous avons montré que la structure
du treillis protoplasmique est fondamentalement la même
que celle de la substance musculaire striée (1).

On est autorisé à admettre, pensons-nous, que plus ces
fibrilles sont volumineuses, plus leur énergie est consi-

---

(1) Édouard Van Beneden, *Recherches sur la maturation de l'œuf,
la fécondation et la division cellulaire*, pages 346 et suivantes, pages 572
et suivantes. Voir aussi planche XI, figures 1 à 51, particulièrement
25, 30 et 31, et planche XV, fig. 3, qui montre que le spermatozoïde
donne lieu à la formation d'une saillie partout où s'insèrent des
fibrilles du treillis protoplasmique.

dérable. Si les fibrilles des asters, et particulièrement celles du fuseau achromatique, sont les agents actifs de l'écartement des anses secondaires et de leur cheminement vers les pôles, la traction exercée par elles, aux points des anses où elles s'insèrent, étant d'autant plus intense que les fibrilles insérées en ces points seront plus volumineuses, qu'elles constitueront, si l'on veut, des muscles plus puissants, il est clair que si les anses secondaires adhèrent entre elles par leurs extrémités et que d'autre part les fibrilles du fuseau achromatique s'insèrent vers le milieu de la longueur des branches divergentes des anses, il en résultera nécessairement des figures comme celles que l'on observe en réalité (pl. VI, fig. 10, 11, 12). Dans certains cas, nous avons constaté des saillies en forme de crochets aux points des anses chromatiques qui donnent insertion aux fibrilles achromatiques du fuseau.

A côté des œufs montrant très distinctement le fuseau achromatique, il en est d'autres où ses limites sont si peu marquées qu'il se confond avec l'aster, dont il constitue un secteur. Cela dépend probablement de ce que les fibrilles du fuseau diffèrent plus ou moins, suivant les cas, des autres radiations des asters. Dans les œufs où le fuseau est peu apparent, comme dans ceux où il est bien visible, des fibrilles s'insèrent aux anses chromatiques dans tous les points de la longueur de ces dernières, suivant leurs faces dirigées vers les pôles. On conçoit que si ces fibrilles sont toutes à peu près de mêmes dimensions et partant possèdent la même énergie, les anses secondaires uniformément sollicitées vers les pôles en tous les points de leur longueur resteront parallèles entre elles, après leur écartement, dès le moment où leur adhérence est partout la même : les étoiles secondaires siégeront alors tout entières dans deux plans parallèles entre eux et perpendiculaires l'axe du fuseau.

Quand, au contraire, des fibrilles plus fortes s'insèrent au milieu des branches divergentes, et que d'ailleurs l'adhérence entre les anses secondaires est maximum à leurs extrémités, il devra se produire nécessairement une figure doliforme avec fonds et méridiens. Nous pensons que les variations que l'on observe dans l'aspect de la métakinèse dépendent, d'une part, de la constitution des asters et, d'autre part, de différences individuelles dans l'intensité de l'union des anses jumelles aux bouts libres des anses primaires.

Nous avons vu très distinctement, dans un assez grand nombre d'œufs, que les anses chromatiques primaires et secondaires se trouvent rattachées les unes aux autres par des fibrilles achromatiques interposées entre elles (fig. 6 et 8, pl. I). La présence de ces fibrilles, probablement contractiles, comme tous les éléments constitutifs du treillis protoplasmique, explique le déplacement relatif des anses primaires, préalablement à la formation de l'étoile chromatique de la plaque équatoriale.

III. *Réédification des noyaux dérivés aux dépens des dyasters.* — Flemming a admis qu'avant que le noyau d'une cellule fille se reconstitue aux dépens d'un dyaster, les anses secondaires se pelotonnent et que ce stade de pelotonnement, qu'il appelle *dispirem*, répond au stade de pelotonnement de la prophase (*spirem*), ce qui l'a amené à représenter par un U le schéma de la karyokinèse. L'une des extrémités des branches de l'U représente le stade initial, l'autre le stade final de la division; l'une des branches de l'U représente la succession des prophases, l'autre, parallèle à la première, la succession des anaphases, la convexité de l'U répondant à la métakinèse ou métaphase. La plupart des cytologues admettent en outre que deux éléments interviennent dans la réédification des noyaux : d'une part, les anses chromatiques des dyasters, d'autre part, la portion du corps protoplasmique de la cellule interposée entre ces cordons ou délimitée par les branches divergentes des dyasters.

Les choses ne se passent pas de cette manière dans les blastomères de l'Ascaris. Il est bien vrai que les anses secondaires groupées en une étoile décrivent à un moment donné des sinuosités (pl. VI, fig. 10); mais il y a lieu de distinguer, à ce point de vue, deux portions dans le dyaster modifié : une portion centrale, de forme circulaire, formée par cette partie des anses qui avoisine leur point de rebroussement, et une portion marginale formée par les bouts libres des anses. Tantôt ceux-ci se trouvent dans le même plan que la portion centrale de l'étoile, tantôt, au contraire, ils sont dirigés obliquement vers l'équateur de l'ancienne figure dicentrique, la portion centrale de l'étoile siégeant au contraire dans un plan perpendiculaire à l'axe de la figure. Cette différence dépend du caractère de la métaphase, tantôt typique, tantôt hétérotypique.

Seule la portion des anses secondaires qui répond à la portion centrale de l'étoile devient flexueuse, et il en résulte des images très élégantes, quand on examine une de ces figures stellaires suivant l'axe de l'ancienne figure dicentrique. (Pl. VI, fig. 19.) Souvent on observe que les anses sont étranglées à la limite entre la portion centrale

(45)

de l'étoile et les bouts libres marginaux. La longueur de
ces bouts est du reste très variable dans une même étoile,
variable d'un œuf à l'autre, variable aussi suivant l'âge
de l'étoile. La portion des anses qui siège dans la région
centrale circulaire de l'étoile s'allonge aux dépens des
bouts marginaux, au fur et à mesure que les flexuosités
s'accusent d'avantage. Souvent, peut-être même toujours,
quelques-uns des bouts marginaux rentrent complètement
dans la portion centrale, de telle sorte que le nombre des
bouts libres n'est plus de huit, mais de sept, de six ou
même moins. Parfois même tous les bouts libres sont
employés à l'édification de la portion centrale de l'étoile,
et il se forme alors un noyau arrondi, dépourvu de
lobes. Il est très difficile de dire si, dans ces cas, les
extrémités rentrées des anses ne se juxtaposent pas bout
à bout, de façon à reconstituer un cordon pelotonné; mais
si, dans certains cas, il n'est pas possible d'affirmer que ce
phénomène n'a pas lieu, dans d'autres il est absolument
certain qu'il ne se produit pas, et qu'il ne se constitue pas,
aux dépens des anses secondaires, un cordon chromatique
pelotonné par apposition des extrémités libres des anses.
Dans l'immense majorité des noyaux des blastomères en
voie de reconstitution, les deux bouts d'une même anse
sont d'inégale longueur, et la plus longue des deux branches ne rentre jamais dans la portion centrale de l'étoile,
aux dépens de laquelle va se former la plus grande partie
du noyau. Elle se transforme au contraire en un lobe
nucléaire qui persiste pendant tout le stade de repos. (Pl. I,
fig. 9 et 10; pl. VI, fig. 13, 14 et 21.)

Les cordons chromatiques, moniliformes, homogènes au
début, au moins en apparence, prennent peu à peu un aspect

ponctué; ils se résolvent en fins granules reliés entre eux par des filaments; ils prennent une structure spongieuse. Parfois cette transformation est précédée par une division longitudinale des anses secondaires; elle peut déjà se produire à la fin de la métakinèse. Dans un grand nombre de cas, au moment où se produit la transformation de la substance chromatique réfringente en une substance ponctuée, les cordons présentent une striation transversale très nette, surtout marquée dans les bouts libres. (Pl. I, fig. 8.) Bientôt, à la place de quatre cordons chromatiques réfringents et homogènes en apparence, le noyau en voie de reconstitution montre huit boyaux ponctués, contournés dans la partie centrale de l'étoile, étranglés à la limite de sa partie marginale et renflés à leurs bouts. (Pl. VI, fig. 20.) Les granules chromatiques siègent principalement, sinon exclusivement, à la périphérie de ces boyaux, dans lesquels la structure réticulée est d'ordinaire très manifeste.

Les boyaux, en gonflant, finissent par se toucher, dans la portion centrale de l'étoile; ils se soudent entre eux ou, tout au moins, leurs limites disparaissent. Le noyau a pris alors sa forme définitive et sa structure caractéristique du stade de repos. (Pl. VI, fig. 21.) Il se constitue d'une portion centrale discoïdale ou ovoïde, formée aux dépens de la portion centrale de l'étoile, et d'un certain nombre de lobes marginaux, qui proviennent de la transformation des bouts libres des anses secondaires. (Pl. I, fig. 9 et 10.) La forme des noyaux des blastomères est éminemment variable, suivant que les bouts libres des anses secondaires sont restés plus ou moins séparés de la portion centrale de l'étoile, et aussi suivant le nombre de ces bouts libres, d'où dépend le nombre des lobes marginaux du noyau.

Quoi qu'il en soit de ces variations individuelles, il est certain que le noyau reconstitué présente une structure déterminée par la forme de l'aster dont il procède, et que les extrémités des lobes marginaux de ces boyaux répondent aux extrémités des anses secondaires du dyaster. Il est également certain que le noyau se reconstitue exclusivement aux dépens des éléments chromatiques du dyaster, qui s'imbibent à la façon d'une éponge; aucune portion du corps protoplasmique de la cellule n'intervient directement dans la réédification du noyau. Certes les liquides dont s'imbibent les cordons chromatiques sont soutirés au protoplasme cellulaire; mais le noyau se reconstitue exclusivement aux dépens des cordons chromatiques gonflés, qui finissent par se toucher entre eux, de façon à donner naissance à une masse réticulée, unique en apparence, mais en réalité constituée de quatre parties distinctes, juxtaposées entre elles, et organiquement liées en un tout unique en apparence qui est le noyau au repos.

Ce mode de formation du reticulum nucléaire aux dépens des anses chromatiques du dyaster diffère complètement de la formation du cordon pelotonné aux dépens du reticulum au début de la cinèse. Ce dernier phénomène résulte de la confluence des granules chromatiques répandus dans certaines parties du reticulum, particulièrement à sa périphérie, en un cordon d'abord très fin et excessivement long, dont les flexuosités courent en partie transversalement, par rapport à la longueur de l'anse chromatique transformée. (Pl. I, fig. 11.)

Quand, en effet, au moment où une nouvelle division va se produire, un cordon chromatique se reconstitue dans le noyau lobulé d'un blastomère d'Ascaris, on voit, dans chacun des lobes, la chromatine se concentrer dans un filament; celui-ci décrit à la surface de toutes les parties du noyau et de chaque lobe en particulier, de nombreuses sinuosités. La direction moyenne de ces flexuosités est transversale. Quand le trajet de ce cordon se simplifie et qu'en même temps il devient plus épais, ce qui permet de suivre son trajet, on peut s'assurer de ce fait que le cordon ne se termine pas par un bout libre, à l'extrémité du lobe nucléaire aux dépens duquel il s'est formé, mais qu'arrivé au bout du lobe, il rebrousse chemin, remonte vers la racine du lobe et se continue dans le corps nucléaire. (Pl. I, fig. 11; pl. VI, fig. 15, 11.) La segmentation transversale de ce cordon s'accomplit à l'extrémité des lobes marginaux transformés. (Pl. VI, fig. 23.) Il en résulte qu'aux dépens d'une anse chromatique originelle se forment ou bien des portions de deux anses différentes, ou les deux extrémités d'une même anse. En d'autres termes, il résulte clairement de nos observations que les anses chromatiques aux dépens desquelles s'édifie un noyau, ne se retrouvent pas comme telles dans les anses chromatiques, qui se formeront, au moment de la division subséquente, aux dépens de ce noyau.

Nous n'avons jamais constaté, au stade dit spirem d'un noyau de blastomère, en voie de division, un cordon pelotonné unique, mais toujours deux; chacun d'eux fournit à la plaque équatoriale deux anses primaires par division transversale. Il est donc probable, quoique nous n'ayons pas réussi à le constater par l'observation, que des quatre anses, aux dépens desquelles se reconstitue un noyau, deux se juxtaposent bout à bout par une de leurs extrémités, qu'elles restent, au contraire, distinctes par les autres extrémités, et que les deux groupes, comprenant deux anses chacun, restent indépendants l'un de l'autre, dans le noyau au repos. (Pl. VI, fig. 22 et 23.)

Si nous désignons par a, b, c, d les quatre anses d'un dyaster, comme celui que nous avons représenté, planche VI, figure 19, le noyau au repos, formé aux dépens de ces anses, peut être représenté par la formule $ab\ cd$ Si nous appelons m, n, p, q les anses chromatiques qui se formeront aux dépens de ce noyau (pl. VII, fig. 23 et 24), au moment de la division subséquente, m n'est pas égal à a, n à b, p à c et q à d, mais $m = \frac{1}{2}\ ab$, $n = \frac{1}{2}\ ab$, $p = \frac{1}{2}\ cd$, $q = \frac{1}{2}\ cd$. C'est ce qui ressort avec évidence de la série des figures demi-schématiques, qui ont été représentées. (Pl. VI, fig. 19 à 24.)

Il n'est malheureusement pas possible de décider si les groupes ab, cd procèdent, le premier, des anses paternelles, le second, des anses maternelles, ou si les anses paternelles répondent aux éléments a, c, les anses maternelles aux groupes b, d; si, en d'autres termes, les éléments paternels et maternels restent séparés dans la série des générations cellulaires successives, ou si, au contraire, il s'opère des unions bout à bout d'un élément paternel et d'un élément maternel. La première hypothèse paraît plus probable, si l'on se rappelle que, dans la première cellule de l'embryon, où le noyau est représenté par deux pronucléus séparés, il ne s'opère aucune apposition bout à bout des éléments chromatiques paternels et maternels. Il est difficile d'admettre que la première cellule de l'embryon diffère beaucoup des cellules qu'elle engendre.

§ III. — *Origine des sphères attractives, des asters et du fuseau achromatique.*

C'est au stade équatorial que les sphères attractives, les corpuscules polaires logés à leur centre, les radiations des asters et les fibrilles du fuseau achromatique, présentent la plus grande netteté. Si, après avoir tué par un mélange à parties égales d'alcool et d'acide acétique un amas d'œufs montrant le stade équatorial dans le premier blastomère en voie de division, on colore les œufs par de la glycérine additionnée de vert de malachite et de vésuvine, tous les éléments achromatiques de la figure dicentrique apparaissent distinctement. En examinant une de ces figures de profil, l'axe du fuseau étant dirigé perpendiculairement à l'axe du microscope, on voit le fuseau achromatique coupé à son milieu par la plaque équatoriale composée de ses quatre anses chromatiques, et l'on constate tout d'abord que la portion convexe de chacune des anses se trouve en dedans du fuseau, tandis que leurs extrémités libres siègent en dehors. Ceci revient à dire que l'étendue occupée par les quatre anses réunies est beaucoup plus considérable que la section transversale du fuseau, pratiquée à mi-distance entre ses deux extrémités. Il est facile de voir aussi qu'un corpuscule teinté en vert clair siège à chacune des extrémités du fuseau; c'est le corpuscule polaire que l'un de nous a le premier signalé dans les cellules en voie de division mitosique(1). Ce corpuscule est

---

(1) Édouard Van Beneden, *Recherches sur les Dicyémides*, Bull. Acad. roy. Belg., 1874.

formé ici par un amas de granulations. Il occupe le centre
d'une figure radiaire bien circonscrite et à contour circulaire; dans les limites de cette région, circulaire en coupe
optique, sphéroïdale en réalité, on distingue des fibrilles très
apparentes, dirigées radiairement; ces fibrilles aboutissent
à la surface des sphères et y présentent d'habitude des
renflements. Cependant elles ne s'arrêtent pas en ces
points : elles se prolongent dans le vitellus et on peut
les poursuivre jusqu'à la surface de ce dernier. Au delà
de la surface des sphères, elles sont beaucoup plus
minces que dans les limites de ces dernières. Si l'on
donne à l'ensemble des figures stellaires le nom d'*asters*,
il y a lieu de distinguer dans ces derniers une portion centrale, de forme sphéroïdale, bien circonscrite, se teignant
en vert clair, comme le corpuscule polaire qui occupe leur
centre; ce sont ces portions centrales des asters que nous
avons désignées sous le nom de *sphères attractives;* elles
se détachent en vert dans le fond faiblement coloré du
vitellus, si l'on examine l'œuf à un faible grossissement.

Les extrémités du fuseau achromatique font partie des
sphères attractives. Les portions terminales du fuseau sont
formées, en effet, par des fibrilles plus épaisses que celles
qui sont adjacentes à la plaque équatoriale et souvent il
existe, sur le trajet de chaque fibrille achromatique, un
renflement, marquant la limite entre les deux portions du
fuseau. Il est souvent difficile d'ailleurs de voir nettement
la limite entre le fuseau et les fibrilles radiantes des asters:
comme nous le montrerons plus loin, le fuseau n'est qu'une
portion différenciée des asters, dans les limites de laquelle
les fibrilles se font remarquer par une plus grande épaisseur. Et de même que l'aster se constitue d'une portion
centrale, la sphère attractive, et d'une portion corticale

répondant au vitellus, de même chaque demi-fuseau comprend deux portions, l'une polaire, qui fait partie de la sphère attractive, l'autre équatoriale, qui se rattache à la portion périphérique des asters. Il n'y a pas que les fibrilles du fuseau qui s'insèrent aux anses chromatiques primaires : les rayons des asters qui avoisinent le fuseau proprement dit peuvent être poursuivis jusque dans le plan équatorial, et l'on peut en voir çà et là s'y terminer en s'insérant aux cordons chromatiques.

Si l'on examine de plus près la constitution des sphères attractives, on remarque qu'il existe, immédiatement autour des corpuscules polaires, qu'il vaudrait mieux appeler *corpuscules centraux*, une zone circulaire plus claire, dans les limites de laquelle les radiations sont peu marquées et peu nombreuses. Elle est délimitée par un cercle de granulations assez volumineuses. Des fibrilles réunissent ces granulations aux corpuscules centraux. Nous donnerons à ces zones centrales des sphères le nom de *zones médullaires*, en réservant le nom de *zones corticales* à leur couche périphérique. Les fibrilles de la couche corticale ne convergent pas toutes exactement vers le centre des sphères ; on voit fréquemment deux ou plusieurs fibrilles partir de l'une des granulations plus volumineuses qui siègent à la limite entre la couche médullaire et la couche corticale. Ceci s'observe aussi dans le fuseau achromatique, et il en résulte que, dans beaucoup d'œufs, il semble que les pôles du fuseau ne répondent pas aux corpuscules centraux, mais bien à la limite entre la zone médullaire et la zone corticale des sphères. Le même fait se constate à la limite entre la sphère attractive et le vitellus ambiant : là aussi l'on voit, si l'on suit les fibrilles radiaires de la périphérie vers le centre, deux ou plusieurs fibrilles contiguës aboutir à un des granules qui siègent à la surface limite des sphères attractives. Il ressort de là que les radiations des asters et les fibrilles du fuseau achromatique ne constituent pas des filaments simples, mais qu'elles se résolvent en pinceaux en certains points; ces points sont, d'une part, la limite entre la zone médullaire et la zone corticale des sphères attractives, d'autre part, la limite entre les sphères attractives et le reste du corps cellulaire.

Toutes les fibrilles des asters ne sont pas également épaisses; de la même façon qu'il existe deux cônes différenciés dirigés vers l'équateur qui forment ensemble le fuseau achromatique, et que nous appelons *cônes principaux*, chaque cône principal répondant à un demi fuseau, de même il existe *des cônes antipodes* dont les centres répondent aux corpuscules centraux, tandis que leurs bases sont dirigées vers les pôles de la cellule en voie de division. Les fibrilles qui constituent autant de génératrices de ces surfaces coniques sont plus épaisses que celles qui sont plus voisines de l'axe de la figure, et aussi que celles qui sont situées plus en dehors. Toutes ces génératrices s'insèrent à la surface de la cellule suivant une circonférence concentrique au pôle, et l'on distingue, suivant cette circonférence, un faible sillon que l'un de nous a figuré, sans en connaître la signification. Nous désignerons sous le nom de cercle polaire la portion légèrement saillante de la surface de la cellule délimitée par cette circonférence. Ces cercles superficiels se voient très distinctement, si l'on suit au microscope les phases successives de la segmentation, dans un œuf vivant. Ils se conservent même parfois dans les œufs fixés par les réactifs.

Les radiations des asters dirigées vers le plan équatorial

n'atteignent pas toutes l'équateur : elles s'arrêtent suivant deux lignes divergentes à partir des extrémités de la plaque équatoriale de la figure dicentrique. Ces lignes divergentes marquent les limites des asters. Elles aboutissent à la surface de l'œuf suivant deux lignes circulaires parallèles aux cercles polaires, plus rapprochées l'une de l'autre d'un côté de la cellule que de l'autre. Elles délimitent un anneau superficiel constituant, au début de la division, un bourrelet équatorial que l'un de nous a déjà figuré planche XIX^{ter}, figure 5. La portion du corps cellulaire, correspondant à cet anneau, présente en coupe la forme d'un triangle à base dirigée en dehors, et dont le sommet répond à la plaque équatoriale chromatique. (Pl. VI, fig. 2.) Nous ne savons si les fibrilles des asters se prolongent dans cet anneau; en tous cas, s'il en est ainsi, elles y sont plus ténues que dans toutes les autres régions du corps cellulaire.

Pour rendre compréhensible la description qui précède, nous avons figuré dans un schéma que l'on trouvera plus loin (pl. VI, fig. 2) les différentes particularités que nous venons de décrire.

Il est facile de voir que les fibrilles achromatiques sont moniliformes, qu'elles sont formées de microsomes réunis entre eux par des interfils. On peut voir aussi çà et là que les microsomes de fibrilles voisines sont réunis entre eux transversalement, de telle sorte que les fibrilles ne sont très probablement que des parties plus apparentes, à cause d'une plus grande épaisseur, du treillis protoplasmique.

Les diverses particularités du treillis protoplasmique, constitué en asters, que nous venons de décrire, ne se voient pas également bien dans tous les œufs. Les fibrilles

sont plus ou moins complètement conservées par l'agent
fixateur. Les préparations par un mélange à parties égales
d'acide acétique et d'alcool absolu montrent, en général,
fort bien les fibrilles achromatiques et les détails des
asters. Cependant, les meilleurs objets que nous ayons
obtenus ont été rencontrés dans des préparations faites à
l'acide pur. Parmi les œufs restés vivants, au moment
où on substitue à l'acide la glycérine colorée, il en est
qui meurent plusieurs jours après et qui sont lente-
ment saisis par le reste d'acide retenu par la glycérine.
C'est dans ces œufs que les détails achromatiques se
montrent avec la plus grande netteté. Malheureusement, il
se développe en même temps dans le vitellus de ces œufs
des globules arrondis, de dimensions diverses, parfois
considérables, qui se colorent en brun par la vésuvine.
Leur présence rend la photographie de ces œufs difficile.

Les œufs tués brusquement par l'acide acétique pur
conservent fort incomplètement les détails de structure
du protoplasme. Néanmoins ils se prêtent fort bien à
l'étude, non de la constitution, mais de l'histoire des
sphères attractives; en voici la raison :

L'acide paraît gonfler les microsomes et résoudre les
fibrilles en granulations qui, n'étant plus reliées entre
elles, ne permettent plus de reconnaître les fibrilles dont
elles proviennent. Tandis que le corpuscule central des
sphères attractives reste parfaitement distinct, les rayons
qui en partent deviennent indistincts. A la place de la
sphère attractive à structure rayonnée, se voit alors une
masse uniformément granuleuse, entourant le corpuscule
central. Cette masse, grâce à cet aspect uniformément granuleux, se détache nettement au milieu du protoplasme
vitellin, qui présente un tout autre aspect. En outre, tan-

dis que le reste du corps cellulaire se teinte à peine, la masse granuleuse qui répond à la sphère attractive prend une belle teinte vert clair; la chromatine nucléaire se colore en vert foncé ou en brun, suivant les conditions dans lesquelles s'est effectuée la coloration. Le corpuscule central, qui siège au milieu de la sphère attractive, se colore en vert plus fortement que le reste de la sphère. Les éléments constitutifs des sphères attractives ne fixent jamais la vésuvine, tandis que le reste du corps vitellin se teinte volontiers en brun pâle. Si donc on examine, à un faible grossissement, un œuf brusquement tué par l'acide pur et convenablement coloré, les sphères attractives se reconnaissent immédiatement, en ce qu'elles apparaissent comme des taches vert clair, au milieu de chacune desquelles siège un corpuscule plus vivement coloré de la même teinte. Les meilleures images s'obtiennent en colorant énergiquement les œufs et en les soumettant ensuite, pendant deux ou trois jours, à une décoloration progressive. Quand la décoloration est suffisante, on monte de nouveau dans la glycérine au tiers.

Des préparations faites suivant cette méthode permettent de décider quand apparaissent les sphères attractives et de voir ce qu'elles deviennent.

Origine des sphères attractives. — L'un de nous, dans son mémoire précédent, disait :

« Je n'ai jamais vu apparaître, pendant la série des stades que je viens de décrire (formation des cordons chromatiques dans les pronucléus), aucune trace ni de fuseau achromatique ni de pôles d'attraction. Pour autant que l'on puisse se fonder sur des résultats négatifs, je crois pouvoir exprimer l'opinion que les pôles ne s'accusent qu'au stade suivant, répondant à la phase étoilée de Flemming. »

L'étude des préparations à l'acide acétique nous permet de rectifier et de compléter sur ce point nos précédentes recherches.

1) Les sphères attractives existent déjà dans l'œuf, non seulement pendant les stades de pelotonnement, mais même plus tôt, alors que les pronucléus sont encore réticulés et fort écartés l'un de l'autre.

2) Les deux sphères apparaissent simultanément. Si parfois on croit n'en voir qu'une, cela dépend de la position relative des deux organes relativement à l'observateur.

3) Elles sont peu écartées l'une de l'autre au début et parfois, sinon toujours, des fibrilles réunissent l'un à l'autre leurs corpuscules centraux (préparations au mélange d'acide et d'alcool).

4) Leur position relativement aux pronucléus varie beaucoup d'un œuf à l'autre, au moins en apparence. Nous disons en apparence, parce que ces différences peuvent dépendre de la position de l'œuf relativement à l'observateur ; elles dépendent certainement aussi en partie du stade de développement que l'on a sous les yeux. Les deux sphères contiguës se voient parfois fort écartées des deux pronucléus, ou de l'un seulement d'entre eux. Elles se projettent parfois entre les deux pronucléus ; le plus souvent on les voit d'un même côté des éléments nucléaires, également éloignés de l'un et de l'autre, ou plus voisins de l'un d'eux. Quand les pronucléus, munis chacun d'un gros cordon chromatique pelotonné, se rapprochent l'un de l'autre, la figure dicentrique se dessine : les deux sphères prennent alors une position déterminée vis-à-vis des pronucléus. Elles se trouvent alors au contact immédiat de ces éléments, dans l'écartement qu'ils laissent entre eux. La droite réunissant les

corpuscules centraux croise perpendiculairement celle par laquelle on peut réunir les centres des pronucléus. Cependant ces deux droites ne se trouvent jamais, à aucun stade du développement, dans un seul et même plan. Cela dépend probablement de ce que les sphères attractives sont reliées l'une à l'autre et d'abord placées d'un même côté des pronucléus. C'est ce qui fait aussi que l'axe de la figure dicentrique, ou, ce qui revient au même, la droite réunissant entre eux les corpuscules centraux des asters, ne répond pas davantage à un diamètre du globe vitellin, et qu'elle ne passe jamais par le centre de l'étoile chromatique. Les cercles polaires de la cellule et, par conséquent, leurs centres, ne répondent jamais aux extrémités d'un diamètre du globe vitellin. L'anneau équatorial est plus large d'un côté que de l'autre, et le sillon qui amène la division de la cellule en deux moitiés commence toujours d'un côté, là où l'anneau équatorial est le plus étroit. Les centres des cercles polaires, les corpuscules centraux des sphères attractives et le centre de figure du globe vitellin, se trouvent sur le trajet d'une ligne courbe tournant sa convexité du côté où l'anneau équatorial est le plus large. (Pl. VI, fig. 2.) Tout cela dépend de la position primordiale des sphères attractives, reliées entre elles, vis-à-vis des pronucléus. (Pl. VI, fig. 1.) Le plan médian de l'œuf passe par la courbe qui réunit entre eux les centres des cercles polaires, les corpuscules centraux des sphères attractives et le centre de l'œuf. Ce plan passe entre les deux pronucléus : un pronucléus se trouve dans chaque moitié de l'œuf, et ces deux éléments nucléaires sont symétriquement placés relativement au plan médian (pl. VI, fig. 1).

Comme l'un des pronucléus dérive du père, l'autre de la mère, l'un du mâle, l'autre de la femelle, il n'y a pas identité entre les deux moitiés droite et gauche de la cellule, quoiqu'il soit impossible de distinguer les uns des autres les pronucléus et les anses chromatiques qui en dérivent.

Le premier plan de division est perpendiculaire à celui que nous considérons comme étant le plan de symétrie. On ne peut considérer le plan suivant lequel se fait la division, comme plan de symétrie, parce que les deux pôles de la cellule ne sont pas identiques entre eux :

A l'un des pôles siège une saillie polaire beaucoup plus marquée et formée par une accumulation de protoplasme hyalin plus considérable qu'à l'autre; les deux premiers blastomères diffèrent entre eux par leurs dimensions; l'un est notablement plus granuleux que l'autre; l'un est exclusivement ectodermique, l'autre renferme l'ébauche de l'endoderme. Nous étions arrivés, en ce qui concerne la valeur des deux premiers blastomères, aux mêmes conclusions que Hallez. Le premier plan de division ne devient pas, chez l'Ascaris, le plan médian de l'animal, contrairement à ce qui a été établi pour la grenouille et pour la claveline.

Le premier plan de division ne présente donc pas, chez tous les animaux, le même rapport avec le plan médian de l'adulte, et l'exemple de l'Ascaris prouve que le plan de symétrie du premier blastomère n'est pas le plan de séparation, mais bien un plan passant par les pôles organiques de la cellule, fort rapprochés l'un de l'autre au début. (Pl. VI, fig. 1.)

5) Les sphères attractives sont d'autant plus apparentes et d'autant plus étendues que les pronucléus sont plus avancés dans leur développement. Nous ne les avons pas observées au moment de la formation du second globule polaire. Nous ne pouvons rien dire de certain quant à leur

origine. Nous inclinons à croire cependant, en nous fondant sur certaines images où les sphères paraissaient exister au voisinage du pronucléus femelle, encore peu éloigné du second globule polaire, qu'elles dérivent de la seconde figure pseudokaryokinétique.

6) Il est absolument certain que le fuseau achromatique dérive en partie des sphères attractives. Alors que les contours des pronucléus existent encore, on voit ceux des rayons des sphères qui sont dirigés vers les pronucléus devenir plus apparents que tous les autres rayons des asters. Souvent ils convergent, non vers les centres des sphères attractives, mais vers un globule situé à la limite entre la zone médullaire et la zone corticale des sphères. Il semble alors qu'il existe deux centres stellaires, l'un pour le fuseau, l'autre pour l'aster. A ce moment les pronucléus se moulent véritablement sur les sphères.

Destinée des sphères attractives. — Dédoublement par division des corpuscules centraux et des sphères attractives. — Les sphères attractives constituent des organes permanents de la cellule. — Elles président à la division de la cellule.

L'un de nous a reconnu précédemment que les sphères attractives n'interviennent en rien dans l'édification des noyaux des cellules filles, qu'on les retrouve, quoique réduites, à côté des noyaux reconstitués. Disparaissent-elles plus tard? Les préparations à l'alcool n'ont pas permis de résoudre cette question. L'étude des préparations à l'acide acétique et au mélange d'acide et d'alcool absolu, colorées par la glycérine additionnée de vert de malachite et de vésuvine, nous a montré qu'elles ne disparaissent pas, qu'elles persistent à côté des noyaux, en tant que portions différenciées du corps cellulaire, avec leurs corpuscules centraux, à tous les moments de la vie cellulaire.

Il y a lieu de faire observer ici que l'on ne peut confondre les sphères attractives avec les asters. La structure radiaire du protoplasme cellulaire, d'où résulte l'image désignée sous le nom d'aster, est caractéristique de certains stades déterminés de la vie cellulaire. C'est pendant la cinèse que les asters apparaissent nettement; ils atteignent leur maximum de netteté et d'étendue au stade équatorial. A ce moment le fuseau achromatique est aussi distinct que possible; il se constitue de deux cônes fibrillaires adjacents base à base, la plaque équatoriale, formée par les anses chromatiques primaires, étant interposée entre les bases des deux demi-fuseaux.

La plupart des fibrilles des cônes s'insèrent aux anses chromatiques, et il est impossible de les poursuivre à travers le plan équatorial de la figure dicentrique. On observe souvent de légères saillies aux points où les anses chromatiques donnent insertion aux fibrilles achromatiques. Cependant toutes les fibrilles ne s'insèrent pas aux anses chromatiques : un certain nombre de ces éléments relient entre eux les deux centres de la figure dicentrique. Au début de la mitose, alors que les deux sphères attractives se trouvent d'un même côté du noyau, au voisinage l'une de l'autre, les centres des sphères sont manifestement reliés entre eux par des fibrilles. Cependant la plus grande partie du fuseau se constitue, non pas aux dépens de ces filaments, mais aux dépens de deux secteurs des sphères dont les rayons sont dirigés vers le noyau en voie de cinèse.

Au stade équatorial, les rayons des asters intéressent la plus grande partie du corps cellulaire, sinon le corps cellulaire tout entier. Non seulement la couche périphérique du corps cellulaire, mais aussi la sphère attractive présentent, à ce moment, une structure nettement radiée.

Les radiations de l'aster, quoique déjà plus faiblement accusées, sont encore très nettes au stade de la division caractérisé par le dyaster, et même encore au moment où les noyaux des cellules filles se reconstituent en noyaux vésiculeux à structure réticulée. Seulement les radiations deviennent de moins en moins apparentes, et quand les noyaux ont revêtu les caractères de noyaux au repos, l'aster est devenu tout à fait indistinct.

Il n'en est pas de même des sphères attractives : celles-ci persistent; la limite qui les séparait du reste du corps cellulaire ne disparaît pas, et la portion du corps protoplasmique de la cellule, circonscrite par cette limite, conserve des caractères spéciaux qui permettent de la reconnaître : elle montre dans les préparations à l'acide acétique l'apparence uniformément granulée qui contraste avec l'aspect du reste du corps cellulaire; elle conserve cette affinité spéciale pour le vert de malachite, qui la fait apparaître comme une tache colorée, dans le fond beaucoup clair du protoplasme. Au milieu de la tache se voit toujours le corpuscule polaire simple ou dédoublé, reconnaissable à sa coloration d'un vert plus vif que celui de la sphère elle-même.

Au moment où les noyaux dérivés se reconstituent aux dépens des éléments chromatiques du noyau maternel, les sphères s'aplatissent et s'allongent dans une direction perpendiculaire à l'axe de l'ancienne figure dicentrique. (Pl. VI, fig. 3 et 4.) Au lieu d'un corpuscule central arrondi on trouve au milieu de la sphère, modifiée dans sa forme, une tigelle à direction transversale, renflée aux doux bouts et ressemblant à une haltère. (Pl. I, fig. 7 et 8.) Puis les renflements terminaux s'accusent davantage, tandis que le lien qui les réunissait entre eux devient plus grêle. A des stades plus avancés, au lieu d'un corpuscule central, on en voit deux, de sorte que la tache foncée, interposée entre le noyau et la surface de la cellule, présente alors deux centres. Le corpuscule central s'est dédoublé.

Pendant que ces changements s'accomplissent, le noyau reconstitué s'est approché de la surface de la cellule et, à un moment donné, il n'en est guère séparé que par la sphère attractive. Puis il s'écarte de nouveau de la surface ; il atteint son plus grand volume et présente la structure caractéristique du noyau au repos. La sphère attractive déjà dédoublée ne suit pas exactement ces changements de position : elle reste au voisinage de la surface et se trouve, pendant quelque temps, distante du noyau. Elle est si apparente que, dans les préparations bien colorées, elle se reconnaît aussi facilement que le noyau lui-même.

Au moment où le noyau se prépare à une nouvelle cinèse et que les cordons chromatiques s'y constituent, la sphère attractive a subi une modification importante : elle s'est complètement dédoublée en deux sphères contiguës, ayant respectivement pour centres les corpuscules résultant de la division du corpuscule central de la sphère maternelle. (Pl. I, fig. 9, 10 et 11.)

Cette division de la sphère, qui débute par le dédoublement du corpuscule central, précède donc la division du noyau : il y a plus, elle débute avant l'achèvement de la division cellulaire antérieure : avant même que le noyau cellulaire soit complètement reconstitué, souvent même déjà au stade dyaster, la sphère attractive est pourvue de deux centres, et l'on peut dire qu'elle est virtuellement divisée. La sphère attractive, ainsi pourvue de deux corpuscules centraux, occupe, dans la cellule reconstituée, la région avoisinant le cercle polaire. Il est clair que la cellule présente à ce moment une symétrie bilatérale manifeste. L'axe passant par le centre du cercle polaire, le milieu de la sphère attractive, à mi-distance entre les deux corpuscules centraux et le milieu du noyau, vient aboutir au milieu de la face cellulaire répondant au plan de séparation entre les deux cellules filles nées du premier blastomère. Il est bien évident que les deux extrémités de cet axe ont une tout autre valeur. La sphère attractive siège entre le noyau et l'une des extrémités de cet axe; de l'autre côté du noyau, il n'y a rien de comparable à cette sphère. Par contre, de ce côté se trouvent les restes des filaments de réunion qui, jusqu'au moment de la division complète, réunissaient l'un à l'autre les noyaux des deux cellules filles. L'axe a donc deux pôles d'inégale valeur, tout comme l'axe d'un œuf de poule ou de grenouille. N'était que la sphère attractive a maintenant deux corpuscules centraux, n'étaient la position du cercle polaire et la direction du cercle subéquatorial, tout plan passant par l'axe cellulaire diviserait celui-ci en deux moitiés semblables. Mais, en raison de la présence, dans la sphère attractive, de deux centres d'attraction, en raison aussi des autres particularités que nous venons d'indiquer et dont il sera question plus loin, il n'y a qu'un plan qui puisse diviser la cellule en deux moitiés semblables, c'est un plan passant à la fois par l'axe de la cellule et par la ligne réunissant entre eux les deux corpuscules centraux.

Les premiers blastomères ont, comme l'œuf fécondé, non seulement une symétrie monaxone, mais une structure bilatérale. Il est probable que c'est là un caractère commun à toute cellule et l'on doit concevoir un organisme cellulaire, non comme formé de couches concentriques, mais comme présentant essentiellement un axe à extrémités différentes et un plan unique de symétrie. Cette symétrie bilatérale de la cellule est probablement la cause de la symétrie bilatérale des organismes plus complexes, des animaux en particulier. Il est bien prouvé maintenant que la symétrie bilatérale est primordiale chez les Radiaires, les Echinodermes et les Zoophytes, comme chez les Mollusques, les Vers, les Arthropodes et les Chordés : la symétrie radiée n'apparaît que secondairement chez les Échinodermes et les Cœlentérés. Nous pensons que la même démonstration sera faite un jour pour les protozoaires et pour les végétaux.

Après la division de la sphère attractive en deux sphères filles, dans chacune desquelles les radiations stellaires ne tardent pas à apparaître, celles-ci restent adjacentes à la surface de la cellule; elles déterminent une dépression de cette surface aux points où elles adhèrent. Entre les deux dépressions, la surface cellulaire forme, au contraire, une saillie. Ces dépressions répondent aux cercles polaires et subéquatoriaux des cellules filles en voie de formation, et la saillie interposée entre elles est le premier indice de la portion rétrécie du bourrelet équatorial de la cellule en voie de division. (Pl. VI, fig. 5.)

Les deux sphères attractives, quoique séparées l'une de l'autre, se trouvent encore du même côté du noyau, au stade de pelotonnement (spirem). (Pl. I, fig. 11.) Leurs corpuscules centraux sont reliés entre eux par des filaments, qui constituent avec les fibrilles dirigées vers le noyau un fuseau achromatique de très petites dimensions.

Bientôt les sphères s'écartent davantage de la surface de la cellule, mais elles restent unies à cette surface par des filaments; en même temps qu'elles s'éloignent l'une de l'autre, elles s'agrandissent et elles en arrivent à toucher le noyau dans lequel des cordons chromatiques de plus en plus épais se sont constitués. Des filaments radiés de chacune des sphères s'insèrent manifestement à la surface du noyau.

Peu à peu les sphères filles en arrivent à gagner deux extrémités opposées du noyau en voie de division (pl. I, fig. 12); à ce moment quatre anses primaires se sont formées aux dépens des cordons chromatiques du noyau maternel; ces anses se disposent dans un plan perpendiculaire à la droite réunissant entre eux les centres des sphères. Néanmoins la position primitivement latérale du fuseau achromatique est toujours bien reconnaissable : la droite réunissant les centres attractifs ne passe pas par le centre de l'étoile chromatique. (Pl. I, fig. 12, à gauche.) Celle-ci se trouve presque tout entière d'un même côté de cette droite. L'axe de la figure dicentrique est une ligne courbe et les pôles organiques de la cellule en voie de division, marqués par les cercles polaires, ne répondent pas aux pôles géométriques de la cellule. Le sillon qui amène la division de la cellule apparaît d'abord au point correspondant au cercle polaire, maintenant effacé, de la cellule maternelle.

La figure dicentrique se trouve reconstituée. Une nouvelle division est imminente. Il en résultera la formation de quatre blastomères.

La série des phénomènes se reproduit identique quand

les quatre premiers blastomères se divisent à leur tour.
Nous sommes donc autorisés à penser que la sphère
attractive avec son corpuscule central constitue un organe
permanent, non seulement pour les premiers blastomères,
mais pour toute cellule ; qu'elle constitue un organe de
la cellule au même titre que le noyau lui-même ; que tout
corpuscule central dérive d'un corpuscule antérieur ; que
toute sphère procède d'une sphère antérieure, et que la
division de la sphère précède celle du noyau cellulaire.

Quelle est la fonction de cet organe ?

La division de la cellule est activement déterminée par
les fibrilles moniliformes des asters et du fuseau achromatique. Leur structure est comparable à celle des fibrilles
musculaires striées (1). Plusieurs faits établissent que les
fibrilles du treillis protoplasmique sont les agents de la
contractilité du protoplasme ; nous avons fait connaître
plus haut, en parlant des figures chromatiques, de nouveaux faits qui établissent en particulier la contractilité
des fibrilles du fuseau. Si la division de la sphère attractive est déjà en partie effectuée dans la cellule au repos,
si tout au moins le corpuscule central s'y trouve déjà
dédoublé, il est clair que la cause immédiate de la division
cellulaire ne réside pas dans le noyau, mais bien en dehors
du noyau, et spécialement dans le corpuscule central des
sphères. Il est probable que les filaments des cônes principaux déterminent en se contractant, sinon le dédoublement des anses chromatiques primaires, tout au moins
l'écartement et le cheminement des anses chromatiques
secondaires vers les pôles de la figure dicentrique ; que les
filaments qui, partant de ce même corpuscule central, soit

---

(1) Édouard Van Beneden, *loc. cit.*

directement, soit indirectement, se fixent à la surface de la cellule, plus particulièrement suivant les surfaces coniques du cône antipode, retiennent le corpuscule central et, en l'empêchant d'être attiré vers le plan équatorial par l'action des fibrilles du fuseau, font de lui un point d'appui permettant l'écartement des anses chromatiques secondaires.

Dans notre opinion, tous les mouvements internes qui accompagnent la division cellulaire ont leur cause immédiate dans la contractilité des fibrilles du protoplasme cellulaire et dans leur arrangement en une sorte de système musculaire radiaire, composé de groupes antagonistes; le corpuscule central joue dans le système le rôle d'un organe d'insertion. Des divers organes de la cellule c'est lui qui se divise en premier lieu, et son dédoublement amène le groupement des éléments contractils de la cellule en deux systèmes ayant chacun leur centre. La présence de ces deux systèmes entraîne la division cellulaire et détermine activement le cheminement des étoiles chromatiques secondaires dans des directions opposées. Une partie importante des phénomènes qui constituent la cinèse a donc sa cause efficiente, non dans le noyau, mais dans le corps protoplasmique de la cellule. D'où vient l'impulsion qui détermine le dédoublement des corpuscules centraux, la formation des cordons pelotonnés et la division longitudinale des anses? Réside-t-elle dans le noyau, ou dans le corps cellulaire? Aucune donnée positive ne permet de résoudre cette question. Nous n'avons réussi à établir que deux choses: c'est l'existence dans la cellule d'un appareil ou d'un mécanisme qui préside à la division cellulaire, comme notre système musculaire à la locomotion, et le dédoublement de ce mécanisme préalablement à la division nucléaire.

§ 4. — *Quelques faits relatifs à la forme et à la structure du corps cellulaire pendant la mitose.*

La forme du globe vitellin n'est jamais, pendant la cinèse, ni celle d'une sphère, ni celle d'un ovoïde régulier. Les faits qui ont été signalés à cet égard et les particularités qui ont été figurées (pl. XIX^ter, fig. 3, 4, 5, 6, 7, 8, 9, 10, 11 et 12 (1)) peuvent être constatés, non seulement sur des œufs fixés par les réactifs, mais aussi sur le vivant.

Il existe constamment, au moment de la métaphase, en deux points opposés de la cellule, deux saillies siégeant non pas aux deux extrémités du grand axe de l'ovoïde vitellin, mais en des points voisins de ces extrémités, d'un même côté de cet axe. (Pl. VI, fig. 2.) Les deux saillies, répondant à ce que nous avons appelé plus haut les zones polaires, sont très apparentes sur le vivant; elles sont inégalement développées, l'une étant plus marquée que l'autre et formée par une accumulation plus considérable de protoplasme hyalin. Elles sont délimitées par une ligne circulaire suivant laquelle règne souvent un léger sillon, le cercle polaire.

Suivant l'équateur de l'œuf règne un bourrelet équatorial, plus large d'un côté, plus étroit de l'autre. Il est limité par deux cercles subéquatoriaux, concentriques aux cercles polaires.

---

(1) Édouard Van Beneden, *Recherches sur la maturation de l'œuf, la fécondation et la divison cellulaire.*

L'étude des œufs que l'on a fixés au moyen d'un mélange à parties égales d'acide acétique et d'alcool absolu permet de reconnaître :

1° Que les cercles subéquatoriaux marquent, à la surface de la cellule, les limites des portions du corps cellulaire qui sont envahies par les radiations des asters : qu'au stade de la métakinèse, le corps cellulaire se constitue de trois parties. (Pl. VI fig. 2.) Il comprend *a*) deux régions astéroïdes, de forme arrondie, à structure radiaire, ayant pour centres les corpuscules centraux des sphères attractives et séparées l'une de l'autre, au milieu du corps cellulaire, par la plaque équatoriale chromatique; et *b*) un anneau marginal, déterminant la formation superficielle que nous avons appelée le bourrelet équatorial. En coupe optique, cet anneau a une section triangulaire, la base du triangle dirigée en dehors, répondant au bourrelet équatorial, son sommet dirigé en dedans à la plaque chromatique. L'anneau équatorial a la forme d'un prisme triangulaire, contourné sur lui-même en un anneau. Des trois faces du prisme, deux, adjacentes aux régions astéroïdes, sont concaves; la troisième, convexe, regarde en dehors. Cette subdivision du corps cellulaire dépend de ce que les deux asters, ovoïdes l'un et l'autre, séparés entre eux par la plaque équatoriale chromatique, n'envahissent pas tout le corps cellulaire.

2° Les cercles et les saillies polaires dépendent de la présence des cônes antipodes, c'est-à-dire de cônes fibrillaires suivant lesquels les radiations des asters sont particulièrement volumineuses et par là plus actives. Les saillies polaires sont probablement sous la dépendance des contractions des fibrilles des cônes antipodes.

On constate, pendant la division des spermatogonies,

des particularités rappelant singulièrement celles que je viens de signaler au 1° (voir pl. XIX^{ter}, fig. 16 et 17 (1)); des cercles polaires et subéquatoriaux se montrent très nettement, pendant la segmentation, chez la Claveline et aussi chez le Lapin.

Il y a donc tout lieu de supposer que ces particularités de forme qui, comme nous venons de le voir, sont sous la dépendance de la structure, ne sont nullement accidentelles, mais bien au contraire caractéristiques de toute division cellulaire. L'un de nous avait constaté que, dans les blastomères de la Claveline, deux systèmes de cercles concentriques superficiels, d'abord très voisins l'un de l'autre au début de la cinèse, s'écartent rapidement l'un de l'autre, de façon à gagner peu à peu deux points opposés de la cellule, au moment de la métakinèse. Il en est de même chez l'Ascaris (pl. VI, fig. 1 et 5), et l'écartement des systèmes concentriques superficiels marche parallèlement avec l'écartement progressif des sphères attractives pendant les prophases.

Au fur et à mesure que la cinèse progresse et que les étoiles secondaires s'écartent l'une de l'autre, les régions astéroïdes (asters) diminuent d'étendue, et, au contraire, l'anneau équatorial s'élargit. Il gagne exactement en épaisseur ce dont les étoiles chromatiques s'écartent l'une de l'autre, c'est-à-dire que ces étoiles répondent aux surfaces qui terminent les asters du côté équatorial. (Pl. VI, fig. 2, 3, 4.)

L'anneau équatorial proprement dit, qui se terminait

---

(1) ÉDOUARD VAN BENEDEN, *Recherches sur la maturation de l'œuf, la fécondation et la division cellulaire.*

en dedans par un bord, au stade de la métakinèse (pl. VI, fig. 2), se complète, pendant la période de la métaphase, vers l'axe de la cellule, par la substance protoplasmique qui s'accumule entre les étoiles chromatiques secondaires. L'anneau devient ainsi un disque séparant entre elles les deux régions astéroïdes réduites. (Pl. VI, fig. 3 et 4.) Ce disque a la forme d'une lentille biconcave. En même temps, les deux cercles subéquatoriaux superficiels se rapprochent des pôles (voir pl. XIX^{ter} fig. 9 et 10 (1)).

La réduction des régions astéroïdes et l'accroissement progressif du disque interposé s'accusent de plus en plus. Au stade dyaster, le disque se subdivise en deux portions, au moment où la division cellulaire s'accomplit.

Chaque cellule-fille se constitue alors d'une région astéroïde réduite, ayant pour centre le corpuscule central, et d'un demi-disque très épais, plan d'un côté, concave de l'autre; par sa concavité il se moule sur la région astéroïde et le noyau, en voie de réédification, siège à la limite entre les deux. Un cercle marque à la surface la limite entre les deux portions: c'est le cercle subéquatorial. Un sillon plus ou moins accusé règne suivant ce cercle. (Pl. VI, fig. 6.) Dans le demi-disque qui se moule sur la région astéroïde par une surface concave, le noyau se trouvant entre les deux, il y a lieu de distinguer, au point de vue de leur origine, trois régions distinctes. Au moment de la première métakinèse, on ne voit plus nettement les contours des pronucléus; la masse achromatique des pronucléus s'est confondue avec le protoplasme cellulaire. Cependant l'espace qu'occupaient les

---

(1) Édouard Van Beneden, *loc. cit.*

pronucléus présente encore un aspect particulier, ce qui permet de distinguer encore vaguement la limite des corps nucléaires (voir pl. XIX^{ter}, fig. 6 et suivantes (1)). L'espace nucléaire s'étend très rapidement, au point d'envahir une partie de plus en plus considérable du corps cellulaire. Quand, d'autre part, les étoiles chromatiques secondaires s'écartent l'une de l'autre, l'espace interposé entre ces étoiles se remplit d'une substance claire, et cet espace est bien délimité par les filaments de réunion, qui relient les uns aux autres les éléments chromatiques des deux étoiles. Quand donc la cellule se divise, chaque demi-disque se constitue de trois régions concentriques : une région marginale provenant du corps cellulaire de la cellule maternelle, et plus particulièrement de l'anneau équatorial ; une région intermédiaire provenant de la portion achromatique des pronucléus ; une portion médiane provenant de la substance accumulée entre les étoiles chromatiques secondaires, pendant l'écartement de ces dernières. Les filaments de réunion les plus externes marquent la limite entre les deux dernières portions du demi-disque.

Et puisque nous parlons des filaments de réunion, nous mentionnerons ici un fait intéressant, c'est que le faisceau fibrillaire, formé par l'ensemble des filaments de réunion, présente des variations remarquables dans le cours de la cinèse. Jusqu'au moment où le sillon qui amène la division de la cellule commence à se former, l'ensemble du faisceau présente, vu en coupe optique, la forme d'une bande fibrillaire, à bords parallèles, interposée entre les étoiles chromatiques secondaires. Pendant la formation du sillon

---

(1) IBIDEM.

et immédiatement après, la bande fibrillaire s'étrangle à son
milieu (pl. I, fig. 8), les filaments de réunion cessent d'être
parallèles entre eux et rectilignes; la section du faisceau
au niveau du plan équatorial est plus petite qu'au niveau
des étoiles chromatiques. En partant de ces dernières,
les filaments de réunion s'inclinent en dedans, de façon à
former ensemble deux cônes tronqués, un pour chaque
cellule fille, les bases des cônes répondant aux étoiles
chromatiques secondaires. La séparation des deux cellules
filles se fait en dernier lieu suivant la troncature des
cônes, au niveau du plan équatorial. Immédiatemen après,
le cône de réunion de chacune des cellules filles gonfle;
les fibrilles, de rectilignes qu'elles étaient, deviennent
incurvées, leur convexité étant dirigée en dedans. Le cône
augmente très rapidement de volume; sa troncature s'étend
rapidement dans tous les sens, au point de l'emporter
bientôt en étendue sur la base du cône répondant à l'étoile
chromatique. Les filaments de réunion divergents deviennent de moins en moins nets, et il est difficile, parfois
même impossible, de les distinguer encore, quand le noyau
est complètement reconstitué.

L'étranglement que subit la bande fibrillaire que forment
ensemble les filaments de réunion, au moment où s'opère
la séparation des deux cellules, prouve que la formation du
sillon de séparation s'accompagne d'une contraction circulaire du bourrelet équatorial à mi-distance entre les
cercles subéquatoriaux. Cette contraction est plus forte
du côté où le sillon apparaît en premier lieu; car les axes
des cônes de réunion résultant de la transformation de la
bande fibrillaire ne se trouvent pas dans une même direction; ils forment ensemble un angle ouvert du côté où le

bourrelet équatorial est le plus étroit, c'est-à-dire du côté
où le sillon apparaît en premier lieu.

Revenons à la constitution du demi-disque équatorial,
au moment où les cellules viennent de se séparer. Nous
avons vu qu'il se constitue de trois parties : un cône de
réunion, une portion provenant de la substance achromatique des pronucléus, enfin d'un demi-anneau équatorial.
Il présente la même constitution dans les blastomères
subséquents, avec cette différence toutefois que la partie
qui, dans les deux premiers blastomères, provient des
pronucléus, dérive, dans les blastomères subséquents, de
la substance achromatique du noyau maternel.

Le corps cellulaire des cellules filles se constitue donc
de diverses portions : une de ses moitiés procède de l'aster
réduit et, par conséquent, du corps cellulaire de la cellule
maternelle; l'autre moitié résulte de la transformation de
la substance achromatique du noyau maternel, y compris
un cône de réunion; entre les deux règne une bande
circulaire qui dérive, elle aussi, du corps cellulaire, et n'est
qu'une moitié de l'anneau équatorial de la cellule mère.
Dans la portion astéroïde du corps de la cellule fille siège
la sphère attractive; le noyau se trouve à la limite entre la
région astéroïde et la région d'origine nucléaire.

La structure du protoplasme est différente dans la
portion d'origine cellulaire et dans la portion d'origine
nucléaire de la cellule fille : le protoplasme est plus dense,
plus finement granuleux et moins transparent dans la
portion d'origine cellulaire; il est plutôt vacuoleux, plus
clair, moins apte à fixer les matières colorantes dans la
portion d'origine nucléaire.

Dans les premiers blastomères, au stade II, plus encore

au stade IV et au stade VIII, la forme des blastomères au repos est tout à fait caractéristique : les portions astéroïdes des cellules forment une saillie hémisphérique très marquée, séparée par un sillon circulaire du reste du corps cellulaire. Il en résulte des images très particulières. (Pl. VI, fig. 6.)

Comme le bourrelet équatorial de la cellule mère est beaucoup plus large d'un côté, plus rétréci de l'autre, il en résulte que les moitiés de cet anneau sont aussi plus larges d'un côté que de l'autre dans les cellules filles. La symétrie bilatérale de ces cellules en ressort avec évidence.

Les faits qui précèdent ont déjà été signalés en partie dans les travaux de l'un de nous. Ils n'ont guère attiré l'attention jusqu'ici, et M. Zacharias, qui s'est spécialement occupé du développement de l'Ascaris, ne les a pas remarqués. Il donne à tous les blastomères une forme qu'ils ne présentent jamais.

Nous pensons que ces faits méritent d'être étudiés; ils montrent que les formes cellulaires sont en rapport avec leur structure complexe; ils établissent la symétrie bilatérale de la cellule et se lient intimement aux phénomènes de la cinèse.

Post-scriptum. — La communication qui précède a été déposée à la Classe des sciences de l'Académie royale de Belgique à sa séance du 7 août 1887. Un exposé verbal en a été fait par l'un de nous, et les planches ont été mises sous les yeux des membres de la Classe.

Au commencement de février de cette année, l'un de nous a rendu compte, dans une conférence qu'il a faite à la Société royale de microscopie de Bruxelles, des principaux résultats de nos recherches ; il a projeté une série de positifs sur verre montrant la division des sphères attractives et des corpuscules centraux, et il a mis sous les yeux des membres de la Société une série de préparations relative à l'origine et à la multiplication des organes attractifs des blastomères, et à la reconstitution des noyaux aux dépens des éléments chromatiques du dyaster. La découverte de la division des sphères attractives et des corpuscules centraux a été communiquée à Flemming dans une lettre que l'un de nous lui a adressée en 1885; à Weissmann, lors de son voyage en Belgique en août 1885, à Rabl, dans une conversation, au banquet d'inauguration du congrès des naturalistes, à Berlin, en septembre 1886.

Le 14 août dernier, huit jours après la communication à l'Académie du présent manuscrit, l'un de nous a reçu de M. le Dr Boveri, de Munich, une note intitulée : *Ueber die Befruchtung der Eier von Ascaris megalocephala*. Cette brochure relate une communication faite par cet auteur à la Société de morphologie et de physiologie de Munich le 3 mai 1887.

Les observations du Dr Boveri confirment pleinement les résultats fondamentaux consignés dans les *Recherches sur la maturité de l'œuf, la fécondation et la division cellulaire*. A part l'interprétation donnée aux globules polaires, que l'auteur, contrairement à notre opinion, considère comme des cellules, ses conclusions sont entièrement conformes aux nôtres en ce qui concerne la genèse du pronucléus, la signification de ces éléments nucléaires, l'absence de conjugaison dans l'immense majorité des œufs, la formation de la première figure karyokinétique, la transmission à chacun des noyaux des deux premiers blastomères de deux anses chromatiques mâles et de deux anses femelles, après la division longitudinale des anses chromatiques primaires. Il pense comme nous que les quatre anses aux dépens desquelles se reconstitue un noyau, restent distinctes dans ce noyau et que les éléments mâles et femelles se maintiennent séparés dans la série des générations cellulaires successives. Il adopte entièrement notre manière de voir sur la constitution du fuseau achromatique : il a vu également que les fibrilles du fuseau s'insèrent aux anses chromatiques; il pense comme nous que l'écartement des anses secondaires est dû à l'activité contractile des fibrilles du fuseau. Comme nous il a reconnu l'origine protoplasmique d'une partie, sinon de tout le fuseau.

De plus, plusieurs des faits relatés ci-dessus, en ce qui concerne l'origine, la destinée des sphères attractives, et notamment la division des corpuscules centraux, ont été observés par M. le Dr Boveri. C'est une grande satisfaction pour nous de constater que cette découverte a été faite en même temps que par nous-mêmes, par un observateur travaillant d'une manière tout à fait indépendante, et c'est avec une vive impatience que nous attendons la publication de l'ouvrage *in extenso* et des planches que M. le Dr Boveri nous fait espérer et dont il annonce l'apparition prochaine.

Liège, le 25 août 1887.

EXPLICATION DES PLANCHES.

Planche I.

Fig. 1. OEuf utérin montrant le pronucléus mâle entouré par le résidu du corps protoplasmique du zoosperme. Les deux sphères attractives se trouvent au voisinage du pronucléus femelle en voie de formation aux dépens de deux bâtonnnets chromatiques, et encore relié au second globule polaire.

Fig. 2. Les sphères attractives adjacentes entre elles se projettent entre les pronucléus. Le résidu du corps protoplasmique du zoosperme est encore accolé au pronucléus mâle.

Fig. 3. Un cordon pelotonné est déjà constitué dans chacun des pronucléus. On voit le résidu du corps protoplasmique du zoosperme dans le vitellus.

Fig. 4. Il existe un gros cordon chromatique dans chaque pronucléus. Les sphères attractives se trouvent encore du même côté des pronucléus.

Fig. 5. La figure dicentrique apparaît. Les pronucléus ont encore l'un et l'autre un contour bien apparent. Un cordon chromatique formant une courbe fermée dans chaque pronucléus. Champs polaires des pronucléus dirigés en dehors.

Fig. 6. Les quatre anses chromatiques primaires. Striation transversale. Filaments achromatiques reliant les anses entre elles.

Fig. 7. Stade dyaster. Les corpuscules centraux sont allongés de façon à constituer des bâtonnets renflés à leurs bouts. Les régions astéroïdes se voient au voisinage des pôles de la cellule en voie de division. Les sphères attractives sont aplaties et allongées transversalement.

Fig. 8. Stade voisin du précédent. Les anses chromatiques du dyaster montrent une striation transversale très nette. Ces stries sont formées par des rangées transversales de granules très avides de matières colorantes.

Fig. 9. Sphères attractives divisées. Noyaux lobulés.

Fig. 10. Les sphères attractives sont plus écartées l'une de l'autre.

Fig. 11. Stade plus avancé.

Fig. 12. Les sphères attractives plus écartées tendent à gagner deux points opposés des noyaux, aux dépens desquels se sont formés quatre anses chromatiques primaires. La position latérale des sphères est encore très évidente dans le blastomère gauche.

Planche II.

Fig. 1. Le spermatozoïde vient de se fixer. La partie de son corps protoplasmique, engagée dans le vitellus, est vivement colorée en rouge, tandis que la partie restée en dehors est à peine colorée. Son petit noyau chromatique est formé de deux bâtonnets chromatiques; il est entouré d'un espace clair. La vésicule germinative n'était pas au foyer.

Fig. 2. Le spermatozoïde, complètement entré, est vivement coloré en rouge. Figure Ypsiliforme.

Fig. 3. La même, plus rapprochée de la surface. Le spermatozoïde qui a gagné le centre du vitellus n'est pas au foyer.

Fig. 4. Le premier globule polaire au moment de sa formation. Le spermatozoïde n'est pas au foyer.

Fig. 5. Cordon chromatique, très long et fin, fortement pelotonné dans chacun des pronucléus.

Fig. 6. Stade plus avancé. Dans l'un des pronucléus, la segmentation transversale en ses deux parties a déjà eu lieu.

Planche III.

Fig. 1. La segmentation transversale des cordons, dans chacun des pronucléus, a amené la formation, dans chacun d'eux, de deux éléments chromatiques.

Fig. 2. Les anses chromatiques sont encore groupées en deux groupes. Les bouts libres sont dirigés en dehors, les convexités des anses en dedans. A gauche les deux anses sont encore réunies en un cordon unique par l'un de leurs bouts. L'ensemble de la figure rappelle un **W**.

Fig. 3. L'étoile chromatique primaire vue par l'un des pôles.

Fig. 4. Les deux pronucléus encore bien délimités, renfermant chacun un cordon, et les deux sphères attractives avec leurs corpuscules centraux. La figure dicentrique se dessine.

Fig. 5. La figure dicentrique au stade de la métaphase, vue de profil. Le fuseau achromatique est bien délimité.

Fig. 6. Idem. Les fibrilles du fuseau ne sont guère distinctes des autres radiations des asters. On distingue assez bien les limites des régions astéroïdes et le bourrelet équatorial interposé entre elles. En haut, les limites de la sphère attractive sont assez bien marquées. La ligne transversale brisée qui coupe en deux la sphère résulte de la présence de fibrilles radiaires plus considérables dans la direction suivant laquelle va se faire la division du corpuscule polaire. La plaque équatoriale chromatique sépare entre elles les deux régions astéroïdes.

Planche IV.

Fig. 1. Division longitudinale des anses chromatiques primaires. Les deux étoiles chromatiques secondaires, encore très voisines l'une de l'autre, sont vues de profil. Les deux sphères attractives et leurs corpuscules polaires sont visibles.

Fig. 2. Les étoiles secondaires sont un peu plus écartées l'une de l'autre.

Fig. 3. Figure doliforme. Forme hétérotypique de la karyokinèse.

Fig. 4. La division cellulaire va se produire; un sillon se montre déjà d'un côté.

Fig. 5 La division vient de s'accomplir. Les deux blastomères sont inégaux. Deux corpuscules centraux dans la sphère attractive du plus petit blastomère. Dans les noyaux, vus par le pôle, on voit encore distinctement les quatre anses chromatiques du dyaster. Elles sont flexueuses.

Fig. 6. Le noyau en voie de reconstitution. Les branches divergentes du dyaster se résolvent en granulations chromatiques.

Planche. V.

Fig. 1. Noyaux lobulés.

Fig. 2, 3, 4 et 5. Les sphères attractives divisées, situées d'un même côté des noyaux.

Fig. 6. La division se fait suivant deux plans perpendiculaires entre eux, dans les deux blastomères arrivés l'un et l'autre au stade de la métaphase. Dans l'un des deux la division est cependant un peu plus avancée que dans l'autre, ce qui est constant. Après leur séparation, les deux premiers blastomères pivotent l'un autour de l'autre d'un angle de 90°, de telle façon que leurs plans de symétrie, qui se confondaient au moment de la séparation, en viennent à former entre eux un angle droit.

Planche VI.

Figures demi-schématiques.

Fig. 1. Les sphères attractives voisines de la surface sont situées d'un même côté des pronucléus. La droite qui unit leurs centres est perpendiculaire à celle qui réunit entre eux les centres des pronucléus; mais ces droites se trouvent dans des plans différents parallèles entre eux. Un seul pronucléus a été représenté; l'autre se trouve derrière celui qui a été figuré. c. p. cercles polaires; c. s. e. cercles subéquatoriaux. L'œuf est vu de profil.

Fig. 2. Stade de la métakinèse. *c. p.*, *c. s. e.* comme ci-dessus. L'œuf est vu de profil.

Fig. 3. Stade dyaster. Les corpuscules centraux des sphères attractives sont divisés. L'œuf est vu de face.

Fig. 4. Noyaux divisés en voie de reconstitution. Les corpuscules polaires divisés déterminent la subdivision des sphères attractives. *c. s. e.* cercles subéquatoriaux.

Fig. 5. Les cellules filles se préparent à se diviser à leur tour. Les deux sphères sont nettement séparées l'une de l'autre, mais elles siègent encore du même côté du noyau. Les cercles subéquatoriaux des cellules de seconde génération ont apparu.

Fig. 6. Division en quatre pour montrer la saillie bien marquée, délimitée par un sillon profond, que forment les régions astéroïdes de chaque cellule. Les sphères attractives sont déjà divisées. Préparation à l'alcool.

Fig. 7 à 14. Phases successives de la cinèse, à partir du stade équatorial; 8 et 10, cinèse typique; 9, 11, 12, 13, cinèse hétérotypique. Fig. 14. Les noyaux divisés, arrivés au stade de repos, présentent une forme lobulée. Fig. 15. Deux cordons chromatiques formés aux dépens d'un de ces noyaux. (Non schématique.) Les figures 7 à 15 représentent des vues de profil.

Fig. 16 à 24. Vues polaires.

Fig. 16. Étoile chromatique primaire.

Fig. 17 et 18. Division longitudinale des anses primaires. Fig. 17. Cinèse typique. Fig. 18. Cinèse hétérotypique.

Fig. 19. Un des dyasters vu du pôle. Portions centrales et bouts marginaux de l'étoile bien distincts. (Figure réelle.)

Fig. 20. Reconstitution du noyau aux dépens des quatre anses secondaires. (Schématique.)

Fig. 21. Noyau au repos. Vue polaire.

Fig. 22. Deux cordons chromatiques reconstitués dans un de ces noyaux. Image polaire non schématisée.

Fig. 23. Segmentation transversale de ces cordons. Image réelle.

Fig. 24. Les quatre anses chromatiques primaires formées aux dépens des quatre cordons de la figure précédente. Vue réelle.

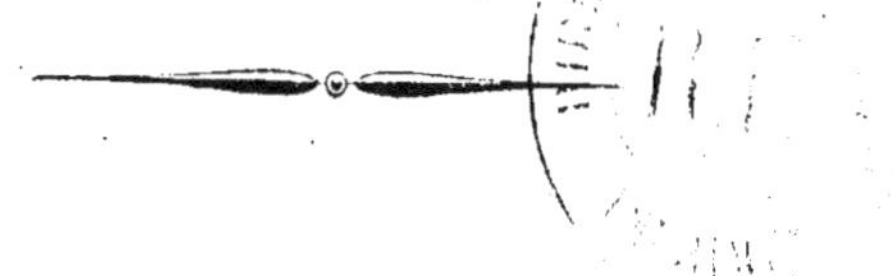

Nous avons dû constater avec regret que le procédé industriel d'impression à l'encre grasse, adopté pour la reproduction de nos clichés, n'a pas répondu à notre attente. Les noirs sont empâtés et les demi-teintes ne sont pas rendues; il en résulte un manque général de finesse et un aspect lourd et heurté qui est loin de ce que l'on obtient par le tirage aux sels d'argent et mieux encore par le procédé au charbon; mais, pour une publication comme celle-ci, ces moyens sont malheureusement hors de portée.

Le procédé phototypique, pratiqué par M. Brückmann de Münich, n'a donné que des résultats peu satisfaisants. Nous nous sommes adressés alors à l'Autotype C^y de Londres. Nous avons à regretter que le tirage ne réponde nullement aux espérances que nous avaient données les épreuves fournies par cette maison, à déplorer en outre que, malgré nos réclamations réitirées, nous ayons eu à attendre jusqu'à la fin du mois de décembre pour obtenir la livraison du tirage.

A. NEYT.

Édouard VAN BENEDEN.

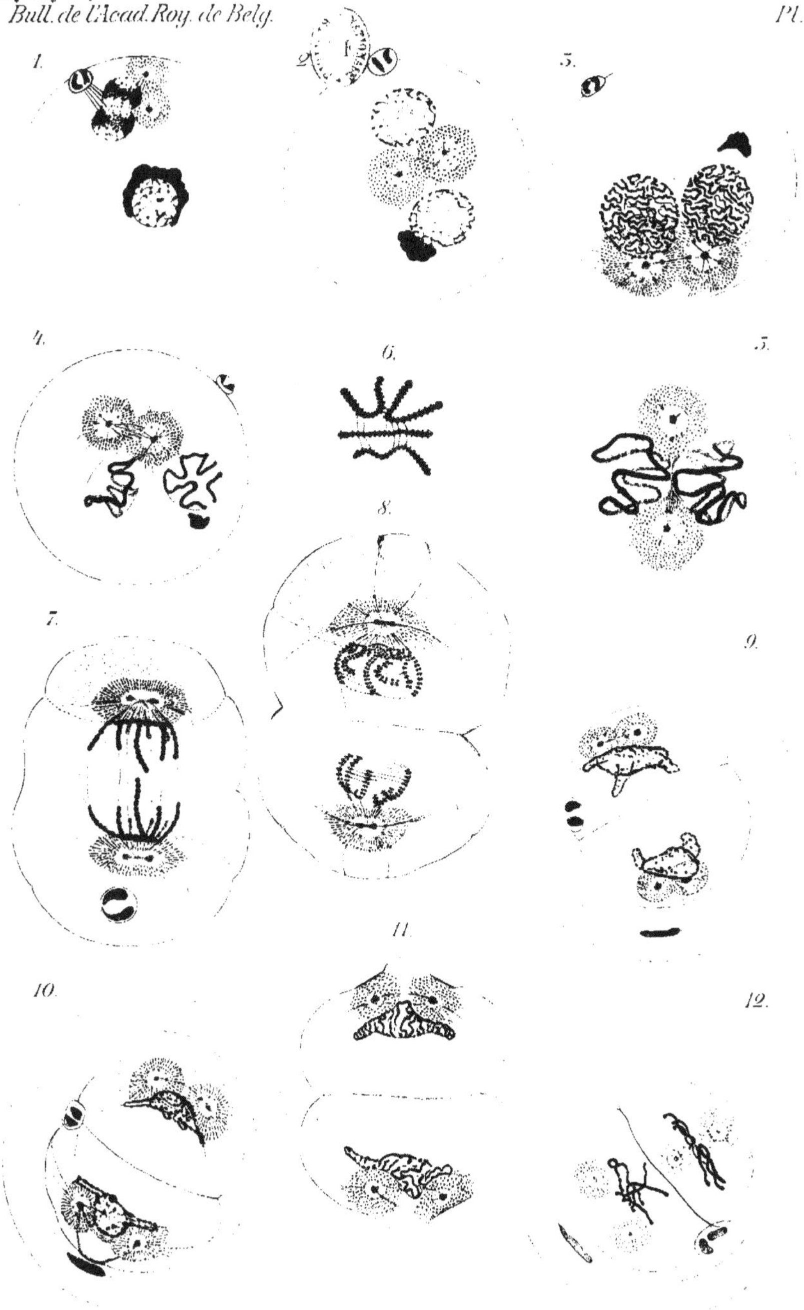

1.
2.
3.
4.
6.
5.
8.
7.
9.
11.
10.
12.

3

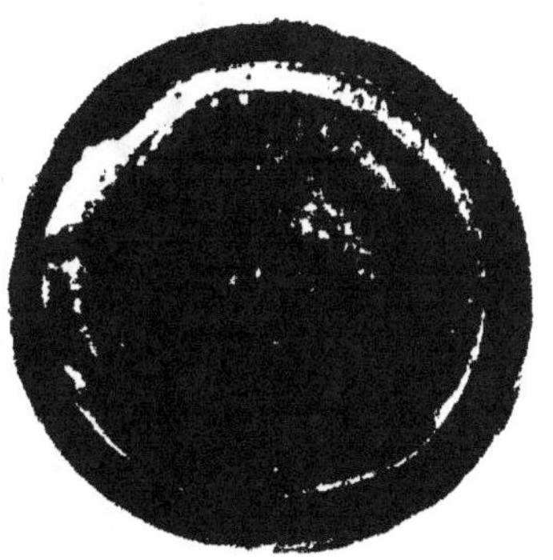

6

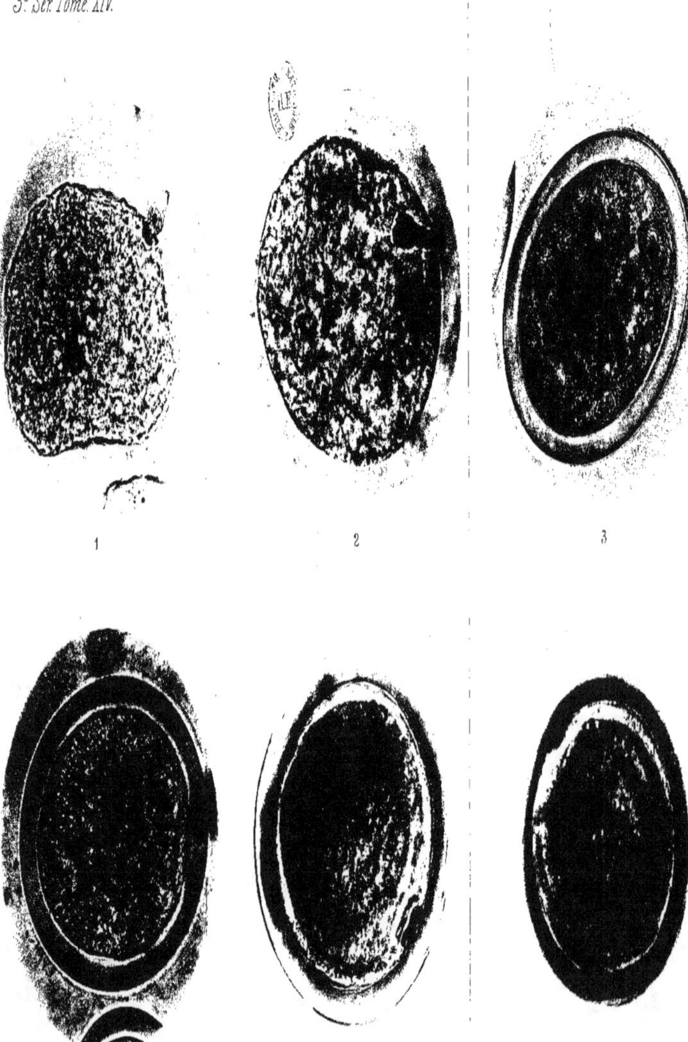

Clichés de M. Ad. Neyt.

3

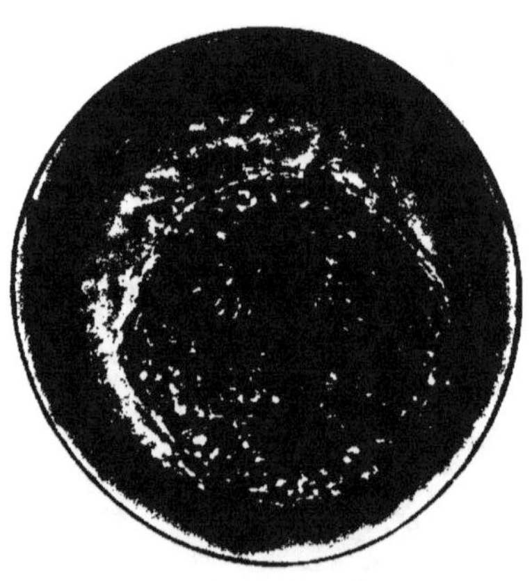

6

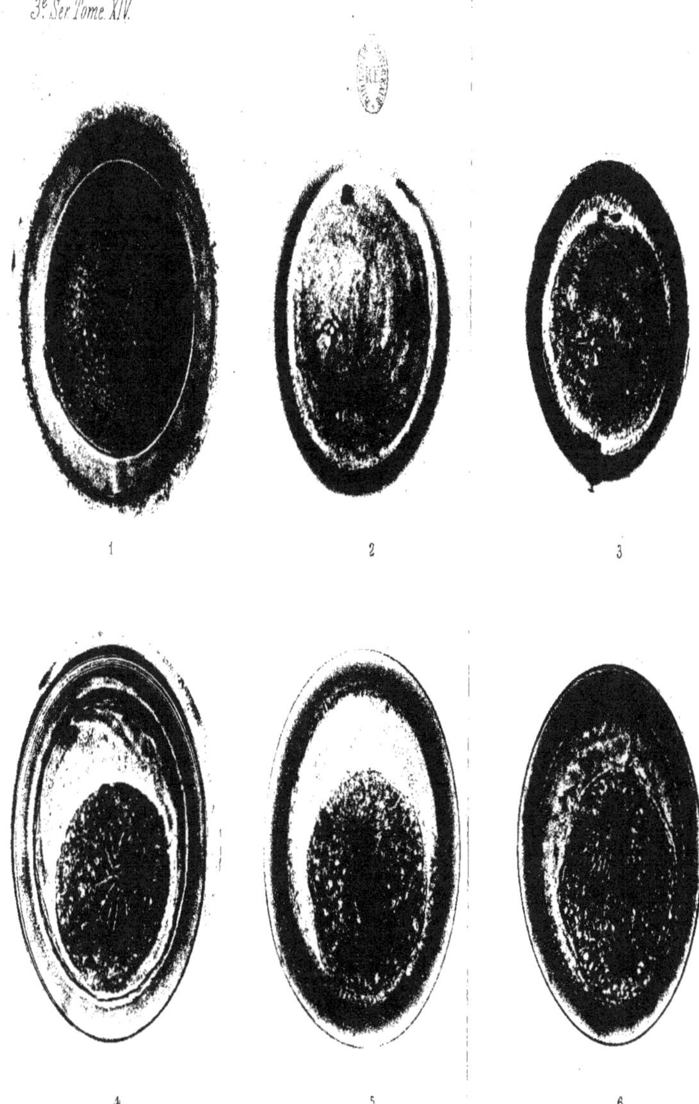

1

2

3

4

5

6

Clichés de M. Ad. Neyt.

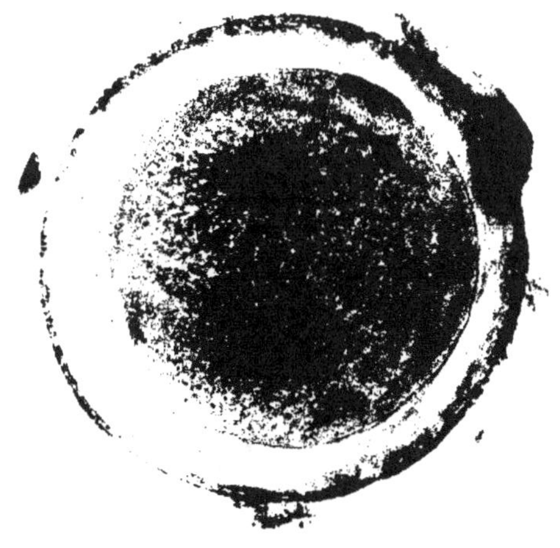

3

6

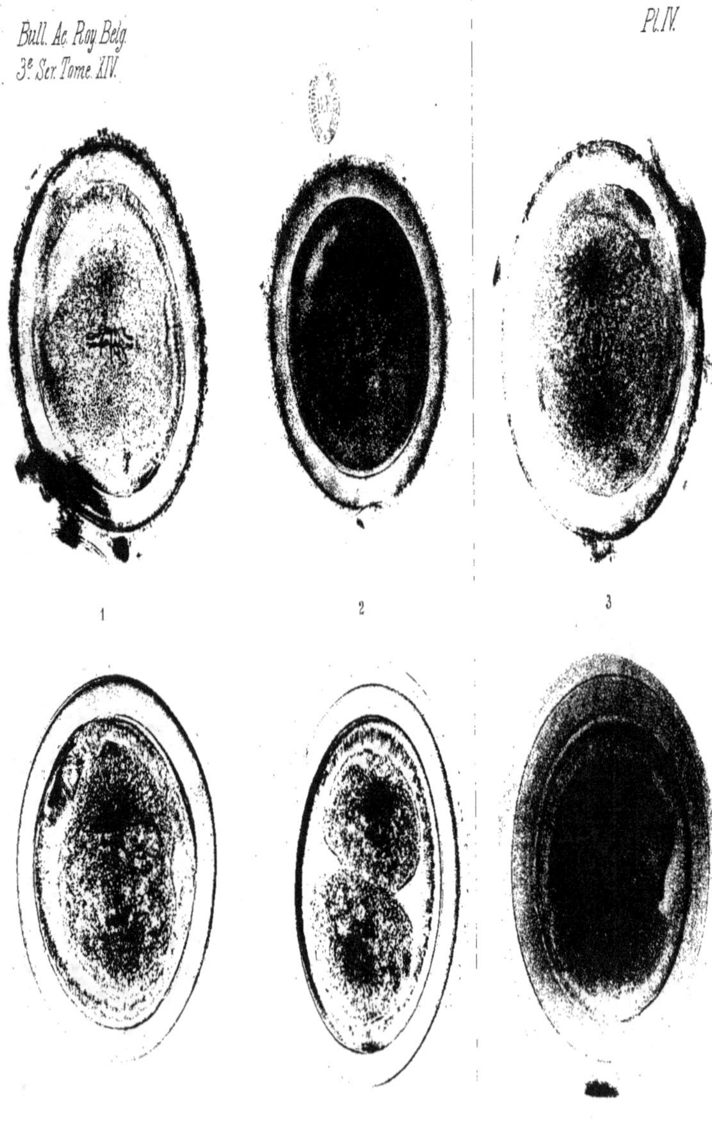

1

2

3

4

5

6

Clichés de M. Ad. Neyt.

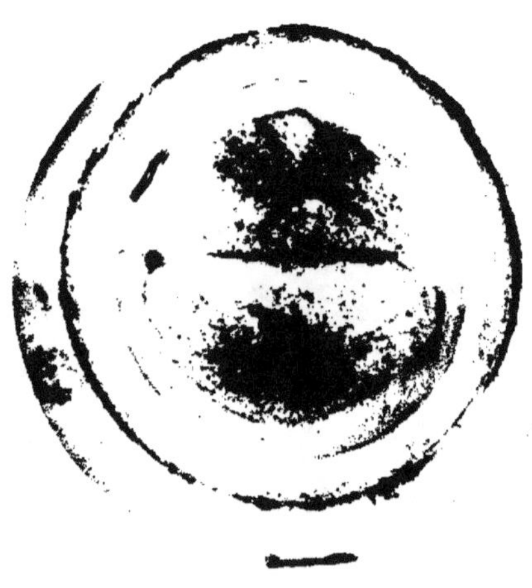

3

6

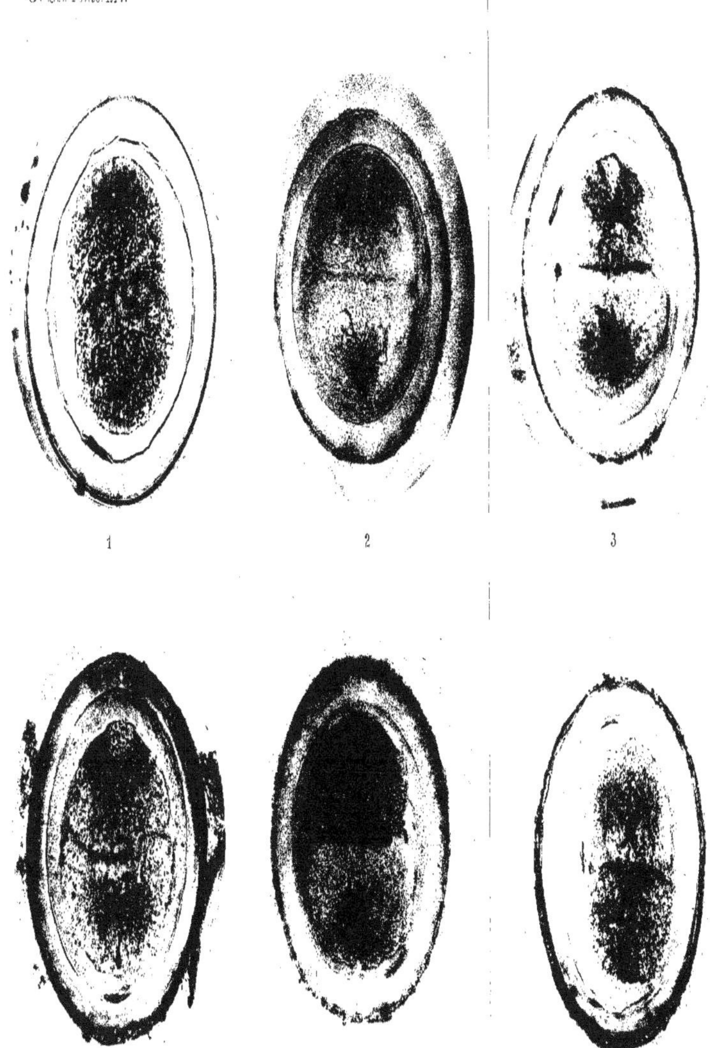

1

2

3

4

5

6

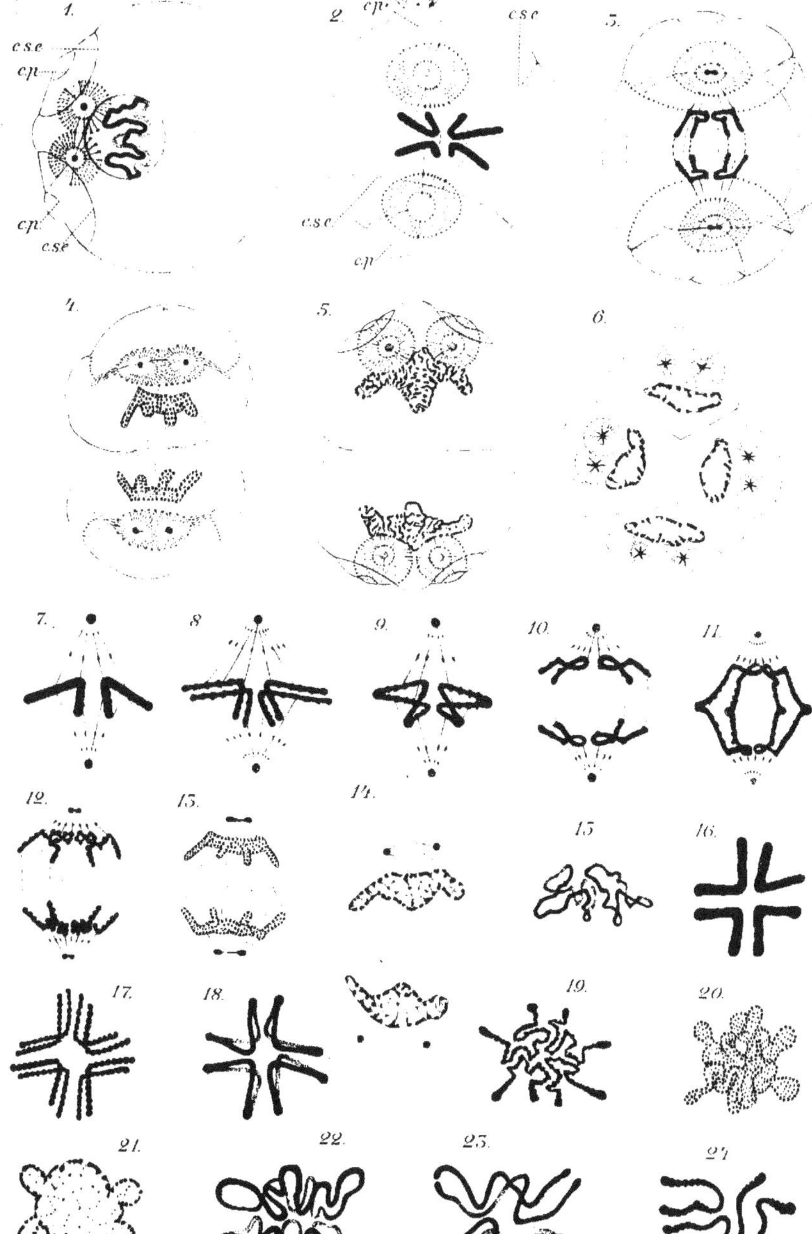
1.
c.s.e.
c.p.
c.p.
c.sé.
2.
c.p.
c.s.e.
c.s.e.
c.p.
3.
c.s.e.
4.
5.
6.
7.
8.
9.
10.
11.
12.
13.
14.
15.
16.
17.
18.
19.
20.
21.
22.
23.
24.